自然職のススメ
二玄社

自然職の現場

土・大地の仕事

農業

作物を育てるのは、自然。人はその手伝い。

日の出から働き日の入りで仕舞う。仕事も自然。

漁業

海・川・湖沼の仕事

波の音、海鳥の鳴き声、エンジン音。それに負けない人の声。

毎日見ている自然の、ささやかな変化を見逃さない。

木・森林の仕事

林業

森の中は静寂。だが、空気の密度はむせかえるほど濃い。

天地一枚の間で——立松和平

天地一枚の間で、天地の摂理とともに生きる。なんとも魅力的である。理にかなわなければ、天地は微動だにしない。理にかなっているなら、この自然は限りない恵みをくれる。その生きる方法を持って実際に生きている人は、野の、山の、海の達人ということができる。まことに魅力にあふれた人生を送っているといえる。

自然に対して、自己を主張しても仕方がない。社会的にどんなに高い地位を持っていようが、そんなことは関係ない。自然と人間とは、たえず一対一である。人間がおよばなければ、田に一粒の米も畑に一個の果実も実らず、海に網をいれても一匹の魚もとれず、牛から一滴の乳も絞れない。しかし、自然との回路がうまく結べたら、与えられる富は無限である。この仕事はいつも自然の探究だ。

自然職はたえずその人の生き方が試されている。そんな職と業とが楽しくないはずがないと、私は思うのである。

目次 —— Contents

自然職の現場

序

土・大地の仕事　農業

海・川・湖沼の仕事　漁業

木・森林の仕事　林業

土・大地の仕事

農業

「農」という一文字には、
固くなった土を貝殻で掘り起こし
やわらかくするという意味がある。
土を耕し作物を得る。あるいは、
土に働きかけ動物を肥やす。
どちらにも通ずるのは、育てる喜びだ。

農業

畑作・水田稲作

埼玉県比企郡小川町

田下隆一

（風の丘ファーム）

Ryuichi Tashita

19歳で酪農を志し北海道へ。
挫折、会社勤めを経て
23歳で有機農業の理想を見出す。

会社名の由来となった「風の丘」の畑。桑畑だった斜面は深い薮になっていたが、風景に惹かれて借り受け開墾した。

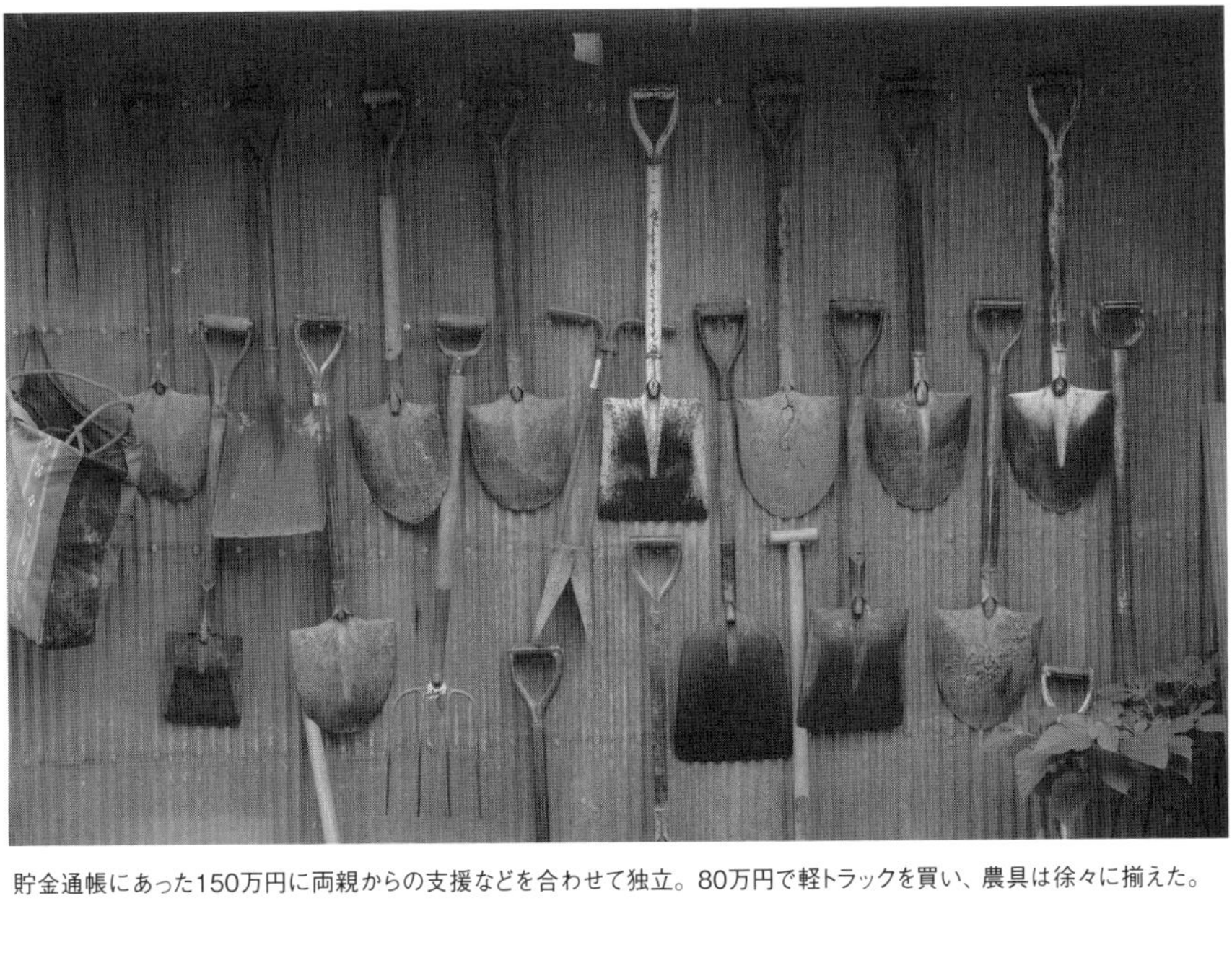

貯金通帳にあった150万円に両親からの支援などを合わせて独立。80万円で軽トラックを買い、農具は徐々に揃えた。

耕作用の機械は、近隣農家から中古を購入するなどして徐々に数を増した。それも地元に定着してからのこと。

梅雨入りの時期と重なる麦の収穫は毎年、乾燥機の容量と天候の変化に配慮しながらの作業になる。

住み込んで2ヵ月目の研修生は、現在28歳の元ビジネスマン。都会での仕事に飽きたらず水戸の日本農業実践学園で農業技術を学び、そこの紹介で「風の丘ファーム」へ。

小川町周辺の農家は、稲の裏作として麦を作る。麦を収穫後、6月上旬～中旬に田に水を張る。

水は農家の共同財産。「我田引水」にもルールとマナーがある。

除草剤をまかない畑は耕作部分以外は雑草だらけ。野菜がすくすく育つ有機肥料は雑草にもいい。

自分の手で暮らしを作り上げていく生き方として エネルギーの自給も目指す有機農業を実践

思いを行動に移し、北海道へ

都会生活は、20歳過ぎの青年を楽しませるには十分な魅力にあふれていた。工作機械を輸入販売する会社の仕事にも興味が持てた。街へ出れば何でも揃う。何でも食べられる。北海道の釧路で過ごした1年半の酪農研修生活とは雲泥の差だ。だがしばらくして、泥ならぬ土にまみれた生活を恋しがる自分がいた。農業は、一度断念しても憧れてやまない仕事だった。

田下隆一さんが農業を志したのは高校時代。近所の野山が道路や住宅になっていくのを目の当たりにしながら、広々とした場所で生活したいという漠とした思いが、いつしか就農への意志に姿を変えた。しかし家族、親類、友人に農家はいない。いまでこそ新規就農に関する情報は豊富だが、1970年代末、普通高校の進路指導にも就農に関するデータはなかった。

高校卒業後はひとまず、大学の農学部進学を目指して浪人生活に入ったものの、広々とした大地→北海道→酪農という10代ならではの三段跳び思考の勢いは止まらず、釧路の農協に電話をして酪農家を紹介してもらうと進学の道をあっさり捨て、道東の牧場に飛んでしまった。しかし1年半後、田下さんは酪農家への夢を諦め、帰京することになる。酪農を営むのに不可欠な広大な土地の取得、牛や機械を購入するための資金調達などの条件はあまりに厳しく、将来独立する計画を断念せざるを得なかったのだ。

都会生活は与えられるだけ

東京に戻った田下さんは、叔父が経営する貿易会社に就職した。牧場の家族と牛にしか会わない生活のあとだけに、都会生活の華やかさと便利さは際だって見えた。その際だちは同時に、都会では得られないものも浮きぼりにした。

「東京の生活は、お金を出して他人に与えてもらう

ばかり。何一つ自分の手で作り出していなかった。釧路では、牧場の片隅で自分たちが食べる分の野菜を作っていた。肥を汲んで畑にまいたりもし、都会では他人任せの後始末も自分でやることを学んだ」。さらに輸入販売の仕事を経験したことで、「自分はものを動かす仕事ではなく、作る仕事がしたいのだとはっきり自覚できた」と、勤め人生活を振り返る。

農業への思いを新たにした田下さんは再就農の糸口を探す一方で、自らが目指す農業を問い続けた。その結果、「自然を大切にしながら、自分の手で暮らしを作る生き方」として農業を位置づけた。それぞれは小規模でも米、麦、野菜を作り、動物も飼ってその糞尿を肥料とし、さらに自分で作った作物を原料にして加工品作りも手がけたい。有畜複合の有機農業こそが理想とする農業であると確信した田下さんは、会社勤めの傍ら有機農業の研究会に参加するようになった。再燃した就農熱に対する周囲の風当たりは以前にも増し、たびたび親族会議が開かれた。だが、埼玉県小川町で自分が理想とする農業を実践する金子美登《よしのり》さんを知るや、経営の後継者としても期待されていた会社を辞め、23歳で2度目の研修生活を始めた。

農業でやっていけると3年目に実感

幸いなことに、研修中に独立するための農地が見つかった。会社勤めをしながらの土地探しは一向に進展しなかったが、そこに住んでみると周囲の農家から「休んでいる畑がある」と声をかけられるようになった。1年の研修を終え、独立と時を同じくして研究会で知り合った三枝子さんと結婚。35aの畑と10aの水田を借り、借家住まいで2人の農業生活が始まった。

独立しても、1年目からの収穫は期待できない。「研修で作物を作れたのは、金子さんが長年かけて耕した土だから」。技術を身につけても、農地が違えば結果が異なる。同じ農地は二つない。その点は、仕事環境を共有できる機械工やIT技術職と決定的に違う。農業でやっていけると実感したのは独立して3年後のこと。それまでは妻の会社勤めや農閑期のアルバイトなどが収入を支えた。

独立して5年目に300坪(約990㎡)の土地を購入し、母屋や施設を建てた。さらに井戸を掘り、バイオガス装置を設置し、いまでは生活エネルギーの一部を自給する。「自然を大切にしながら、自分の手で暮らしを作る生き方」を一つずつ実現している。

シフトの休みで外出中と二日酔いでダウン中。

家族とともに、仲間とともにある生活。
草木、虫、動物……あらゆる生物とある生き方。

現在「風の丘ファーム」の働き手は、田下隆一さん、妻・三枝子さん（写真中央）のほか、社員と研修生が５名ずつ。写っていない５名は

『無農薬・有機栽培に取り組んだ理由は？』

農業は、何代にもわたり受け継がれていくべき仕事だと考えていました。人間が考え作り出した薬を使えば一時的には害虫や病気を抑えることができ、化学肥料を使えば栽培も容易になり、就農当初からある程度の収穫は見込めたのかもしれません。でも、土地がやせ細り、いずれはしっぺ返しが来る。手間や時間はかかっても、丹念に土を耕して肥やし、いろいろな生物を増やして自然の循環を作る。そうした有機農業の考え方が、自分の理想とする農業のあり方でした。そのため、農薬や化学肥料について学んでおらず、使い方を知らなかったのです。

もう一点は、私が農家の生まれ育ちではなかったためかもしれませんが、仕事で「毒」を浴びるのはごめんだ、という思いがありました。農業作物の残留農薬の危険性が叫ばれていますが、農家が栽培時に浴びる農薬の量はその比ではなく、実際にそれが原因と思われる被害も耳にしていました。他人の食べ物を作るために、そこまでしたくないと思ったのです。

『就農後、もっとも苦労したことは？』

新規就農者はどの方も同じだと思いますが、最初の農地確保には苦労しました。会社勤めをしながらの土地探しでしたし、現在のように新規就農者向けの情報などない時代。わずかな情報を頼りに、東京から遠くは岐阜県まで土地を見に行ったこともありました。結局は土地を見つけられないまま会社を辞め、小川町で農業研修に入りましたが、その後しばらくして地元農家と顔見知りになってから、「休耕地を貸してもいい」と声をかけてもらい、畑35a、水

就業までの変遷

1979年……19歳
北海道に酪農研修へ
高校卒業後、大学農学部への進学を目指し浪人したが、両親の反対を押し切り北海道の酪農家で研修生活に。

1981年……21歳
帰京。貿易会社に就職
新規酪農家として就農することは困難と判断。帰京して叔父が経営する工作機械の貿易会社に就職する。

1983年……23歳
埼玉県小川町で有機農業の研修
1年半の会社勤めを経て、有機農業に自分が理想とする農業を見出し、埼玉県小川町の農家で農業研修に。

1984年……24歳
結婚。そして小川町で独立
1年間の研修生活を終え、結婚と前後して独立を果たす。その2年後には、地元の農業委員会にも認められ、正式な「農家」になる。

2008年……47歳
株式会社風の丘ファーム設立
個人事業の「田下農場」を改め、農業生産法人「株式会社風の丘ファーム」を設立。人材育成の体制強化を図る。

田10aを確保できました。就農には、その土地の住人として地域に溶け込むことが何にも増して重要。独立を考えているのなら、なおのことです。

『酪農での挫折や会社勤めの経験は農業に活かせましたか?』

高校を出て漠然と憧れていたにすぎなかった農業の現実を知り、理想とする農業を自分なりに突き詰めて考えるようになったのは、北海道での酪農経験があってのこと。会社勤めで営業、物流、集金などひととおりの仕事を経験し、社会でのモノやお金の流れを体験的に知ることができたことは、いま農作物を販売するうえで活きています。

『今年、株式会社にしたのはなぜ?』

これまでは野菜、米、麦をしっかり作ることで精一杯でしたが、研修生の数も増え、農業を新たに始めたいとここを訪ねてくる人の数も急激に増えてきました。そういう人たちをしっかり農家に育てるためにも法人化し、研修、雇用、そして独立させる体制を整えたかったのです。

うちには3人の子がいますが、いまは全員高校を出て外で暮らしています。その子たちが農業を継ぐとしても外の世界を見て、それから農業をやりたいと思ってからでいい。結局子供らが継がなくても、法人化したので誰かが継げばいい。つまり農家の後継者ではなく、農業の後継者を育てたいと考えたからです。日本の農業が伸び悩んだ理由の一つが、農家の後継者にこだわったから。これからは農業後継者を育成する時代。新しい人がどんどん入ってきて、日本中のいろいろなところで就農できるようになれば、農業は活性化します。私自身、人を教えることで、学ぶことも多いのです。

成功の決め手

自己資金なしで背水の陣

業態により金額幅はあるが、一般には新規就農にあたり1000万円の自己資金が必要と言われている。だが、田下さんが就農した際の自己資金は約150万円だった。「資金を貯めていると就農時の年齢が上がり、体力的にきつい。若ければ体力はあるが、お金がない。どちらも一長一短あり、自分は若さを選んだ」と言う。お金がないことで必死になったことも、功を奏したようだ。

失敗の経験

憧れだけで飛び込んだ酪農を断念

高校卒業後、浪人生活をやめての最初の就農は、北海道の広々とした大地や農業という仕事に対する憧ればかりが先行した。「釧路での研修生活はそれなりに楽しかった」が、酪農家として独立するためには莫大な元手がいることや、生産調整、乳価指定など厳しい規制があることは研修中に知った。理想とする農業と現実とのギャップは埋められず、1年半で就農を断念した。

定期的な出荷先は、一般家庭が約50軒とレストランが約50軒。直送のほか、一部は地元の有機農業生産者グループを通して発送する。遠くは関西からの注文も。

農業法人の社員だった彼女は27歳。将来は独立し、有機農業で一年中作物を作れるようになりたいと言う。

養豚は埼玉県内の屠畜場が減り出荷をやめた。平飼いの鶏200羽の鶏卵はいまも直売している。

会社の看板はもちろん、ビニールハウス、倉庫、出荷所、水道など、自分で作れるものは何でも自分たちで作る。

「農家の跡取りよりも、農業の後継者を」

農業

水田稲作・畑作

千葉県東金市

室住圭一

（あいよ農場）

Keiichi Murozumi

ミュージシャン志望から一転。
タイでの農業支援活動を経て、
アルバイトから28歳で本格就農へ。

妻の環さんは、元・中学校教師。学生時代の農業実習で知り合い、教壇に立ってからは、生徒に農業体験をさせたいと東金に通うなかで交流を深めた。

借りられた農地が、水の便のいいところとは限らない。地元に溶け込み、周囲との関係を深めつつ水田の水を確保する。

田植えと稲刈りは、地元の人総出の一大恒例イベント。手が空けばよその田を手伝い、また自分の田を手伝ってもらうことも。

耕作機械の操作には定評がある。「うちの田んぼも頼む」という声に応じているうちに、借りられる機械が増えてきた。

有機栽培作物を直販する「あいよ農場」を結成。仲間が共同して互いの得手不得手をカバーし合う。

「予測できない天候の急変や、気候不順はどうにもならない。ああしておけば良かったと後悔することもあるが、それも農業のうち」

就農したときは、機械もお金もなかった。他人の田畑を快く手伝ってきたことで、いまがある。

教科書どおりではない就農で知る農業人として生活するために大事なこと

農業は、国際協力活動のための手段

就農前に農業をやっていた。——千葉県東金市の農家・室住圭一さんの農業史を振り返ると、そういうことになる。東金には身一つでやって来た。にもかかわらず、いまは3町（約298a）の水田と1町5反（約149a）の畑で米と野菜を作っている。「新規就農が難しい稲作で、これだけの面積をやっている人は他に知らない」と、栽培仲間の志野佑介さんが感嘆する。本人も「特殊な例かもしれない」と苦笑い。農家としての今日の姿は、単に幸運な偶然が重なっただけか。これから就農を志す人の見本にはならないのだろうか。いや、むしろ教科書どおりではない室住さんの就農にこそ、農業を新たに始め、その土地で生活していくために大事なことを知る手がかりがあるように思える。

高校卒業後、ミュージシャンを目指して入学した専門学校は1年で退学した。アルバイトでそれなりの稼ぎはあったが、フリーター生活を一生続けるわけにはいかないという不安もあった。そんなときに目にした一本のテレビ番組が、室住さんを農業に向かわせる。それは、国際協力活動に打ち込む若者を紹介したドキュメンタリー。「自分も参加したい」と引き込まれた。だが、国際協力しようにも、協力できる知識も技術もない。「何ができるだろうと考えて、思いついたのが農業だった」。

しかし、それまでの人生は農業とは無縁。まずは自分が農業技術を身につけなければならない。本を読み、NGOを訪ねて話を聞いたなかで参加したのが、島根県弥栄村（現・浜田市）での農業研修だった。東京近郊でも農業を学べるが、「島根まで行けば、逃げ出すことはなかろう」と、考えた。片道分の交通費だけを用意し、夜行バスなどを乗り継いでの現地入りとなった。このとき21歳。その

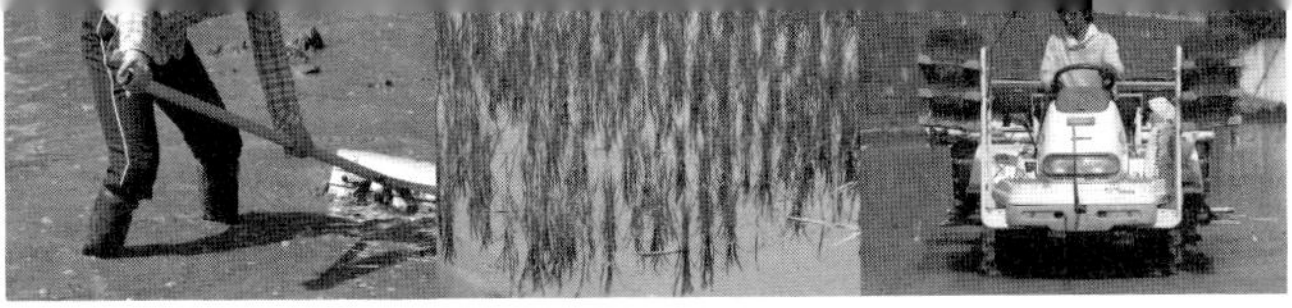

後、18ヵ月間を村人とともに過ごし、有機栽培技術を身につけ、村の老人たちと酒を酌み交わし、話に耳を傾けた。ただ、この段階で就農は考えていない。農業はあくまでも、国際協力活動に参加するための手段。実際、弥栄村から帰京した半年後、念願だった国際協力活動のためタイ北部のチェンライに向かう。

誘われるままに移住、栽培、そして就職

23歳で参加した国際協力活動の目的は、派遣先での農業支援にあった。ところが、チェンライは山岳地帯。畑は山の斜面に張り付いている。日本で学んだ農業とは勝手が違う。「支援などとんでもない。1週間で諦め、自分にとっての海外農業研修と考えた」。朝、村人とともに畑に出て、日が暮れるまで働く。夜はここでも村人と語り合った。訪れたときは通訳を介していた会話も、いつしか一人でこなせるようになっていた。1年後に帰国。次はどこの国へ行こうと考えていたときに、「時間があるなら遊びにおいで」と声をかけてくれたのが、タイで知り合った東金の農家だった。

誘われるままに東金に通い、田植えや稲刈りを手伝った。顔見知りが増えると、手伝う田んぼや畑の面積も広がってくる。すると、「こっちに住めばいい」と空き家を紹介された。築50年、7DKの庭付き一戸建てで家賃が3万5000円。断る理由もなく、室住さんは東金に移住した。しかし就農のためではない。農家でのアルバイトで、渡航費を稼ぐため。3年後、「空いている田んぼがあるから、自分で作ってみれば」と促された。

他人の田畑を手伝うのではなく、手伝ってもらう立場での稲作。そして、収穫。取れた米の出来は周囲にも好評で、何より自分がうまいと感じた。「(仕事としての)農業もいいかも」と初めて考えた。

農業の魅力は？という問いに2秒ほど考え、「『ひと』、かな」と答えが返ってきた。確かに、就農への変遷を振り返ると、そこにあるのは知識や技術ではなく、人とのつながりだ。2009年1月、その思いに形を与えるように、就農後に結婚した妻の環《たまき》さん、前出の志野さんと有機栽培作物の直売グループ「あいよ農場」を作った。「あいよ」とは、他人からの依頼や誘いに快く応じるときの方言だ。きっと「あいよ」と返事をして、ここまで来たのだろう。

冬、色を失い静まりかえっていた水田に
春、水が張られる頃、畦《あぜ》に花が咲き、
カエルが一斉に鳴き出し、虫が動き出す。
農業は、四季の変化を目の当たりにする。

千葉県は単価の高い早稲が出荷できる。ゴールデンウィーク前後に植えた稲はすくすく育ち、9月に入ると稲刈りの準備だ。

『島根県での農業研修で学んだことは？』

島根県弥栄村では、農業技術とともに、生き方そのものを教えられました。分かりやすい例は、食生活。それまでは「食べる」ということを特に意識したことがなく、肉でも何でも食べたいときに食べていましたが、弥栄村では主食は玄米。村で取れた野菜を中心に、あとは魚。肉はほとんど食べなくなりました。

そこでは、お年寄りも農業という仕事を持っているから、生き生きとしている。生きていくために何が大事かを知った気がしました。一日の仕事が終わると一緒に酒を飲んだりするのですが、東京では聞いたことのない話ばかり。ありきたりな言い方だけど、人間の深さに触れたように思います。

『タイでの農業支援で学んだことは？』

ぼくが行ったタイ北部のチェンライは山岳地帯。そこでラフ族という少数民族と暮らしながら、1年間農業をやりました。本来の目的は農業支援、技術指導でしたが、現地は傾斜地を耕した狭い畑ばかり。機械は入れられないし、そもそも機械がない。1週間働いてみて、これは支援も指導もできないと諦め、自分の海外農業研修だと頭を切り替えました。

そこで学んだことも、生き方です。村人は経済的には貧しいのですが、あくせくしていないし、小さなことにこだわらない。一所懸命に生活をしながら、何に対しても力んでいないというか、受け入れている。こんな生活、こんな幸せがあるのかと初めは驚きました。1年いて、自分もだんだんその考え方に染まったと思います。帰国してからも毎年のように訪ねて

就業までの変遷

1996年……21歳
島根県弥栄村に農業研修
国際協力活動に参加するため農業技術を修得したいと考え、島根県の農家で1年半の住み込み研修。

1998年……23歳
タイ・チェンライに農業支援に
国際協力活動でタイ北部のチェンライへ。少数民族ラフ族の村で1年間暮らし、現地の人と農業を実践する。

1999年……24歳
千葉県東金市に移住。就農へ
タイで知り合った東金市の農家と帰国後も交流。アルバイトで農業を手伝いながら家と土地を借りて、28歳で本格的に自分の耕地を始める。

2008年……33歳
東金市に農地を購入
移住後、借りる農地を増やし、耕作面積は水田3町、畑1町5反に。初めて200坪の土地を購入し、畑にする。

2009年……34歳
「あいよ農場」結成
妻、新規就農仲間との3人で、有機栽培作物の直販グループ「あいよ農場」を結成。順調に売り上げを伸ばす。

いました。最近は仕事が忙しくなり、会いに行けないのが残念です。

『千葉県東金市に来て得たものは？』

同世代の人たちとの横のつながりです。その中には代々の農家を受け継いだ人もいますし、ぼくのような新規就農者もいます。同じような考えで有機農業をやっている人もいますし、そうでない人も。農業以外の仕事をしている人もいます。そういう人たちと飲んだり話したりするのはそれ自体がとても楽しいし、ためになります。

『新規就農するために大切なことは？』

ここで新規就農したけれど、挫折した人もいます。もちろん、長続きしている人も。自分も含め、そうした人たちを見てきて思うのは、野菜や米が上手に作れるからといって、長続きするわけではないということ。また、よく働くということも、成功の条件ではないと思います。大事なことは、生産に対する姿勢でしょうか。言葉にするのは難しいのですが、就農した地域の特色や、そこでの人間関係など、自分が置かれている状況を正しく理解し、自分がやるべきことをやり、言うべきことを言うことです。

体力はもちろん必要ですが、求められるのは夏の暑さや冬の寒さにへこたれない持久力。農業は短距離走ではなく、マラソンですから。

もし、いま新規就農したいという相談を受けたら、「やめたほうがいいよ」と答えるかもしれません。そう言っておきながら、それでもやりたいという人に期待します。東金を有機農業の郷にしたいので、本当にやる気のある人には仲間に加わってほしいと思います。

成功の決め手

聞くべきことと聞き流すこと

新規就農者に対する周囲の目は、厳しい。それは農業への本気度を確かめる地元農家の「試験」でもある。とはいえ、周りからの声に対し、すべてそのとおりに対応していたのではストレスになり、余計な労力を使うことにもなりかねない。事実、その対応を誤り、挫折した新規就農者も。室住さんは「聞くべきことには素直に耳を傾けるが、ときには聞き流すことも必要」と言う。

失敗の経験

不慣れなうちは周囲の苦情も

「畑の雑草を何とかしろ」「田んぼの水が漏れている」など、土地を借りて耕作を始めた当初はさまざまな苦情が寄せられた。原因が自分にあるとは限らないが、先輩農家からのクレームは耳が痛い。一方でそれに負けない強さがあってこそ、地元で農家仲間に加われる。「室住は文句を言われて謝ってもへこまないし、あとに引かない」と妻の環さん。本人は「タイで覚えてきた」。

「あいよ農場」を作り、消費者に年間を通じて有機栽培作物を届ける。旬の野菜を食べてもらうため、栽培品目は50種に。「一般の人が知っている野菜は、ほとんど作っている」

宅配便での直売のほか、東金近郊には配達もする。消費者の声が文字どおりダイレクトに届き、やり甲斐と責任は倍増した。

地元の小学生が農業体験に来る。消費者や友達が「手伝い」と称して遊びにやって来る。田畑は交流の場でもある。

「農業の魅力？　……『ひと』かな。
作物の栽培もおもしろいが、
消費者、地元の人、農家仲間との交流は
もっとおもしろい」

農業

果実栽培

東京都町田市

木下幸博

Yukihiro Kinoshita

（相原ブルーベリー農園）

52歳で工業機械メーカーを退社。
義父の休耕地を開墾し直し、
ブルーベリーの摘み取り園を開園。

ブルーベリーが日本で栽培されるようになって約半世紀。栽培技術に関する情報は、まだ十分に広まっているとは言えない。

摘み取り園の通路には防草シートを敷いた。雑草取りの負担を軽くするとともに、来園者の足もとを汚さないための配慮だ。

「生で食べる物だから」と、有機肥料・無農薬栽培に徹する。草生栽培にも挑戦。葉の長いナギナタカヤを樹間に植えることで雑草が生えづらくするほか、土壌の流出を防ぐ、土の有機物を増やすなどの効果がある。

ブルーベリーの品種は、ラビットアイとハイブッシュに大きく分けられる。実が熟す時期がずれる2種を栽培することで、できるだけ長い期間、摘み取り園の実を絶やさないように心がけている。

摘み取り園以外の畑が4ヵ所。そこでもブルーベリーを栽培するほか、自宅で消費する分の野菜を作っている。近頃は次男が働き手として加わり、父の農業を助けている。

ブルーベリーは初夏に白い花を咲かせて夏に実を付け、秋に紅葉して葉を落とす。1年に3度楽しめると言われるが、木下さんは「私はそういう情緒的なところはない」と、夏が終われば翌年の開園の準備を始める。

「相原ブルーベリー農園」は七国峠に通じる丘陵地の南斜面にある。周囲は森に囲まれ、木の梢を揺らす風の音、野鳥のさえずりがBGMだ。

就農した年は、2年生の木を300本購入して植えた。その後は苗木も育成している。接ぎ木の技術を身につけ、丈夫で粒の大きな実を付ける木を育てている。寿命30年と言われるブルーベリーの木の「後継者」は不足していない。

「偶然」を逃さず転機のきっかけにし自分で考え自分で決める生き方を選ぶ

「農業を始めるなら、いま」と早期退職

「おめェに農業なんかできるわけがねェ。電気しか知らねェくせに」。義父の言葉どおりだった。

中学2年で電気の魅力に取りつかれてから、その道一筋。工業高等専門学校で学び、東証一部上場の電子機器メーカーに就職した。そこを2年で辞めて、無線機製造の会社を仲間と設立する。10年やったが、無線機の将来性に疑問を感じ、会社を共同設立者に渡して退社。中堅の測定器メーカーに再就職した。さらに10年後、大手の工業機械メーカーに移り、機械を制御する電子機器の設計に携わる。

職場を変えることが「履歴書を汚す」と非難された時代に繰り返した転職だ。いかにその技術が買われていたかの証ではあるが、確かに職歴は電気一色。婿養子に入ったのが農家だったとは言え、本人の人生には農業の「の」の字もない。それでも木下幸博さんは会社を辞め、農業に転じた。52歳のときだ。そのきっかけは、管理職になってしまったからだ。昇進して製造の現場を離れると、主な仕事は人の管理になる。電気が大好きな職人気質の木下さんにはそれが我慢ならず、夢でうなされるほどだった。

就農へのひらめきは、管理職研修のさなかに突如訪れた。「2週間の研修合宿のなかで、会社が所有する土地の有効利用法を考えるという課題が出された。そのとき、ふと我が家にも有効利用すべき土地があるではないか、と」。義父はすでに引退していた。農地は雑草が生えないように、年に一度トラクターを入れて耕すだけ。「あの土地を使って、何か作らせてほしい」と申し出たときに義父から返ってきたのが、冒頭の一言だ。それでも、土地を遊ばせておくよりはいいだろうと、就農を決めた。「定年まで働いて60歳になってからでは、体力が心もとない。始めるならいまのうち」という思いもあった。

妻は、仕事が原因でうなされているよりはいいと、反対はしなかった。専業主婦の傍ら介護の仕事を手伝ってきた妻だが、時を同じくして介護支援専門員（ケアマネージャー）試験に合格し、外で働くようになったタイミングの良さもあった。こうして木下家は、主婦と主夫が入れ替わることになった。

インターネット情報で栽培技術を修得

木下さんは現在、東京都町田市で「相原ブルーベリー農園」という摘み取り園を営んでいる。ブルーベリーを栽培作物に選んだ理由も、休耕地の有効利用を思いついたのと同様に偶然だ。生活クラブ生協が発行する情報誌に掲載されていた、ジャムを作るためのブルーベリーが町田市で足りないという記事が目に止まったことだった。とは言えこの段階では「ブルーベリーって何？　ベリーだから、果物？」というレベル。ただ、その取っかかりをそのまま放置しなかったところが、木下さんの真骨頂だ。

対象が何であれ「原理や仕組みが知りたくなる」という機械屋、電気屋ならではの探求心がその未知の果物にも向けられ、インターネットで検索しては片っ端から情報を集めた。じつは、現在作っているブルーベリーも野菜も、栽培法はすべてインターネットの情報で身につけている。サイトを開設している農家を訪ねて那須や山梨まで足を運び、話を聞いたりはしたが、就農準備校や農家での研修は経験していない。小さなことも会議にかけ、合議により決めてきた会社員時代の反動のように、就農後は自分で調べて考え、自分で決めることに徹している。

例えば、ブルーベリーの摘み取り園をやると決めたあと、一度は東京都の農業改良普及センターに相談に行っている。開園予定地を訪れたセンターの担当者は、土地の条件を見て摘み取り園には不向きと断じた。だが、木下さんは耳を貸さなかった。来園者用の通路を確保して木を植え、実を付けた2年後には開園。その後、順調に来園者数を拡大させた。当初は３００本だったブルーベリーの木も、現在までに１１００本に増やしている。「農業の素人だからできた」。「農業の常識」には不案内だが、事業の計画と見通しはきめ細かく、かつ的確だったのだ。

年収は会社員時代に及ばないが、もう「ストレスを感じることはない」。夜うなされることもなくなった。最近は、定年を間近に控えた会社員時代の同僚が、その生き方をうらやましがるようになった。

『ブルーベリーの摘み取り園経営を選んだ理由は？』

義父は酪農と野菜栽培をしていました。農地は町田市と相模原市に点在していました。そのうち最も広い土地が丘陵地の南斜面、現在は相原中央公園として整備された場所に隣接してありました。

私が就農を考えたとき、公園はまだオープンしていませんでした。でもゆくゆくは、自然の地形を活かしながら森林散策が楽しめるように整備されることは知っていました。ならば、そこを訪れたお客さんにも立ち寄ってもらえるのではないかと考えたのです。ブルーベリーについては当時、それがどのような果物であるかすら知らず、食べたこともありませんでした。ただ、それが不足していることを知り、興味を覚えインターネットで調べたところ、これはおもしろそうだ、と。私の場合、栽培方法もインターネット情報が頼りでした。そして、植え付けたあと、世間で話題になっていることを知りました。

新たに果実栽培を始める場合、そこを摘み取り園にするか、出荷を目的とする果実畑にするかを最初に決めなければなりません。出荷するなら生産量を増やすため、木と木の間を狭めて密植しますが、摘み取り園なら来園者の通路を確保します。

「相原ブルーベリー農園」は、入園無料で摘み取った分を量り売りすることにしました。地方の摘み取り園では入園料を取り、園内で食べ放題というところもあります。団体の観光客を想定するのならそれもいいのですが、うちは東京近郊のため、個人、家族、小グループのリピーターを増やしたかった。そのため質の高い実を栽培し、欲しい人に欲しい分だけ摘み取っていってもらうことを想定した結果です。

就業までの変遷

1970年……20歳
電子機器メーカーに就職
工業高等専門学校を卒業後、子供の頃からの夢をかなえ、電気技術者として電子機器メーカーに就職する。

1972年……22歳
無線機製造の会社を起業
大卒技術者との待遇の違いなどに不満を抱き、仲間とともに無線機製造の会社を設立。経営者となる。

2002年……52歳
ブルーベリー生産者として就農
勤務していた工業機器メーカーの早期退職の優遇制度を利用し、定年まで8年を残して退職。自宅の休耕地にブルーベリーの木を300本植える。

2004年……54歳
摘み取り園を開園
2年生の木が実を付け、「相原ブルーベリー農園」を開園。開園までは他の畑で家族用に野菜栽培をしていた。

2009年……59歳
元・牛舎を選果場に改築
就農以来、毎年一つ「大事業」を計画・実行。2009年は自宅の庭先に立つ元・牛舎を選果場に改築した。

『会社勤めや電気の技術は、農業に活かされている？』

事業計画を立て、着々と実行するのは会社員時代に鍛えられたこと。栽培や園の管理に必要な施設や機械はできる限り自作する。これは、会社勤めで覚えたコスト管理もありますが、ものづくりが好きだったことのほうが大きいでしょう。

電気工作の技術は、意外なところで役立ちました。果実栽培には、丈夫な木を育てるための接ぎ木という技術があります。その際、幹の表面の形成層という部分を合わせることが大事ですが、ブルーベリーの木は形成層が０・３㎜と薄く、非常に難しい。ところが私は電子基板製作などで、わずかなピッチでのハンダ付けに慣れていたので、手先の細かな仕事ができたのです。知り合いにもう一人、かつて電気関係の仕事をしていた生産者がいます。彼もハンダ付けの経験があり、接ぎ木ができます。

『農業はストレスを感じない？』

いまはまったく感じていません。就農した当初は、膨大な量の細かな雑事をすべて自分でやらなければならず、それに時間を取られることに小さなストレスを感じましたが、要領をつかめば次第に慣れてきます。

いまでも苦手なのは毛虫取り。ブルーベリーは生で食べるので、農薬は使いたくない。そのため虫が付きます。それを一匹ずつ取り除きます。じつは私は毛虫アレルギーで、写真で見ただけでもじんましんが出るほど。ところが不思議なもので、意識して取ると平気なのです。こちらも要領を覚え、開園後、来園者の方が毛虫に遭遇することはまずありません。

成功の決め手

「摘み取り園」という目的に徹する

ブルーベリー栽培でも、摘み取り園の経営と、出荷目的の栽培は異なる。木下さんは就農当初から、自分は前者であることに徹した。つまり来園者を増やし、来た人に喜んでもらえる実を栽培することに。自宅前での直売も余力があるときのみ。摘み取り園の一角でミニトマトを栽培しているのは、最適な土質がブルーベリーに近く、見た目のかわいらしさもあって来園者が喜ぶためだ。

失敗の経験

経験不足で、２年間を無駄に

ブルーベリーの接ぎ木は、異なる2品種を接ぎ合わせる。一度だけ台木（根側の木）と同じ品種の穂木（接ぐほうの木）を接いでしまった。間違いに気づいたのは、２年を経て十分に成長し実を付ける段階になってから。「枝振りの違いが分かっていれば、そんなミスはなかった」。台風でネットを破壊され、一晩で70万円の損害を被ったこともあるが、自然災害は農業の想定内だ。

「本には『ブルーベリー栽培は簡単』と書かれている。趣味程度なら、そう書かれたとおりでいい。お客さんに来てもらい喜んでもらうには一年中手を抜けない」。

自宅の庭先に置く直売用のワゴンは手作り。元・牛舎を改築した選果場は道路に面してガラス張りにした。

ビニールハウスは多目的。育苗資材や農具はもちろん、灌水装置の部品や電気部品、直売所、看板、立て札等を作るための大工道具も置かれている。苗作りや接ぎ木の時期以外は、ハウスの中で何かしらを製作。ブルーベリー販売の直売用ワゴンも、ここから生まれた。

「全部自分で決める。
会社だと相談して決めるけど、
農家は家族と自分とで決めて、
最終的な決断は自分でする。
もちろん、その責任は自分で取る」

農業

花卉栽培

千葉県南房総市

田中正雄 *Masao Tanaka*

（フラワーストーリ タナカ）

50歳を過ぎ農業への転身を決意。建築会社に勤務しながら夜間、農業学校に通い、56歳で就農。

周辺地域で作られていない花を調べ、単価の高いユリを中心に栽培品種を選んだ。的確なマーケティングが販路開拓に功を奏した。

就農した年にビニールハウス3棟を業者に依頼して建築。2年後、地元農家から骨組みだけを譲り受け、自力で4棟を建てた。暖房設備ももらい物だ。

茎の角、トゲ、細かな毛が、作業中の腕を傷つけることがある。「会社勤めをしていたときに着ていた長袖のワイシャツが、作業着としてちょうどいい。捨てなくてよかった」。

「将来は、作物を出荷したい」。農業の原体験は、区民農園で栽培したトマトやキュウリのうまさ。花卉栽培のかたわら、野菜・米作りも手がけている。

ユリを中心に、菊、コスモス、デルフィニウム、スターチス、千鳥草、かすみ草など市場の動向や花束としての見栄えを配慮しつつ多品種を栽培している。

水田だった土地を借りてビニールハウスを建てた。稲作用の重粘土の土地を花弁栽培に適した土に変えるため、耕耘機でも歯が立たない土質を丹念に耕した。土質を安定させるのに3年を要した。

当地に入植後、1ヵ月間土地を探し、地元の人を通じて3反（約2975㎡）の土地を借りビニールハウスを建てた。その後、約3反の水田と約1反の畑を借り足した。

年齢、技術、体力、資金を冷静に判断し農家としての第二の人生を自己管理

太陽の下で、汗を流して働く喜び

「55歳になったら会社を辞め、自分で何かを始める」。千葉県南房総市で花卉栽培を営む田中正雄さんはそう考えながら三十数年間、建設会社に勤務した。その「何か」に農業を加えたのは、50歳を迎えた頃。自宅近くの区民農園で野菜を栽培したことがきっかけだった。わずか15㎡の畑を借り、無農薬で栽培したトマトやキュウリのおいしさに、「農業もいいかも」と感じたのだ。仕事では長年、道路建設の現場で工事を監督してきた。だが、社内の地位が上がると内勤になり、人と数字の管理が主な職務になっていた。都会での擬似農業は、屋内で過ごす時間が増えた毎日とのバランスを取る効果もあったかもしれない。

農業を、仕事としてやっていけるか。それを試すため、54歳で一念発起して夜間の就農準備校に入学した。入門コースと専門コースを受講し、農業技術の修得は「何とかなる」と判断した田中さんは、次に「体力的に可能か」を確かめるため1週間の有給休暇を取り、八ヶ岳での農業体験に参加した。朝5時から日が暮れるまで畑で働き、夜は汗を出し切った体に冷えたビールを流し込んで一日の疲れを癒す。シンプルで本能に正直な生活は、デスクワークにはない仕事の感動を与えてくれた。そして、55歳からの「何か」を農業に定め、建設会社を辞めた。

現実を見極め、目的を達成

新規就農にあたり花卉栽培を選んだ理由は、会社勤めの傍らに通った就農準備校での講義にあった。当初は区民農園での経験から、有機農業による作物栽培を目指していた。だが、「有機肥料、無農薬で農業をやるなら、10年はかかる」という講師の言葉できっぱり諦め、就農後比較的早く収入が見込める花

の栽培に目標を変えたのだ。50代半ばから農業を始めるには、市場に卸さず小売り店や消費者に直接販売するほうが現実的。そのためには単価の高いユリからランを栽培することも講義から判断している。

退職後は神奈川県秦野市の農家で1年間農業研修を重ね、栽培技術を身につけていった（その間は当然、無収入）。一方で、独立するための土地探しは難航した。花を栽培するためには、温室となるビニールハウスが必要。空いている農地はある。ところが、地主からそこに施設を建てることを拒まれてしまう。

知人のつてを得て、千葉県安房郡三芳村（現・南房総市）に土地探しの焦点を絞り込んだのは56歳のとき。約2ヵ月間は、自宅がある東京都板橋区から房総半島の突端まで１００㎞を超える道のりを通った。その後、隣の館山市にある家賃1万８０００円の風呂なしアパートに単身で移り住み、そこを拠点にして土地探しに奔走。紆余曲折を経て3ヵ月後、念願のハウスを建てられる土地が見つかった。土地探しと並行して就農手続きを進め、土地の目処が付いたのと前後して三芳村にある新規就農者向けの一戸建てで暮らせるようになった。

借りられた農地は、水田だった3反（約２９７５㎡）。そこに3棟のハウスと暖房設備を設けた。ハウス建築費、土壌改良費、球根や種苗代などで６００万円を出費した1年目の売り上げは80万円だった。

5年目で会社員時代の手取り額に

それでも2年目には、売り上げを約5倍に伸ばした。それは決して自然増の結果ではない。運動会や祭りといった行事、農家の寄り合い、地元の直販所などに足繁く通い、昔からそこに暮らす住民との交流を積極的に深めていった成果だ。2年目に増築したハウス4棟分の骨組み、ボイラー、重油タンクなどは、近所の農家から無償で譲ってもらった。スーパーやＪＡの直売所など、販路も短期間で着実に増やしている。それらはすべて、地元の人と顔見知りになったからこそ可能だった。

就農して5年が経ち、ようやく「会社員時代の手取り額に、売り上げが追いついた」。それでもまだ、仕事としての感覚は、五里霧中だ。一方で共同販売の法人設立も計画中。「これからの農業に求められるのは経営感覚。法人化して経営感覚のある若者に受け継いでほしい」。予算と工期を緻密に管理した道路建設の経験は、農業にも活かされている。

『会社を辞めて就農することに、家族の反対は？』

「55歳になったら何かを始める」ことは、以前から家族に伝えていたので、それが農業でも、特に反対されることはありませんでした。２人の娘も一人前になり、親の手がかからなくなったということもあります。とは言え、収入は必要ですから、いまは私一人が千葉県南房総市に移住し、妻は東京の自宅にいて仕事もしています。いわば、農業の単身赴任です。

家から金を持ち出さないことが当初からの約束なので、退職金のうち、生活にかかる分を差し引いた金額を農業の初期投資に充て、それ以後も農業でかかる分は、農業の収益と、当初から予定した計画資金で賄っています。60歳になり支給されるようになった年金も、農業には遣っていません。

『花の栽培技術はどこで学んだ？』

切り花に関する一般的な知識は農業研修で身につけました。いまは地元の先輩農家から教えてもらっています。誰も栽培していない花については、専門書を読んで試しています。

ただ、本に書かれているのは基本的なことだけです。実際に栽培してみると、葉や茎の状態を見て、その都度どう対応すればいいのか分からないことが結構多いのです。対応を誤り、出荷直前に全滅させたこともあります。正直なところ、いまだ手探り状態です。ユリは5年栽培して、ようやく球根の植え付け時期と開花時期の関係が多少分かるようになりましたが、栽培を始めたばかりのキクはまだ分かりません。植物が相手ですから、一生かかっても完全には分からないのかもしれません。

就業までの変遷

2003年……54歳
就農準備校、農業体験に参加
建設会社に勤めながら、夜間の就農準備校に通学。修了後は有休を取り、八ヶ岳で1週間の農業体験に参加。

2004年……55歳
会社を退職し、農業研修
会社の早期退職制度に応募し、定年を待たずに退社。その後、神奈川県秦野市の農家に農業研修で住み込む。

2005年……56歳
農地を借り、農家として独立
千葉県南房総市で約２９７５㎡の土地を借りて独立。３００万円をかけてビニールハウス３棟を建てる。

2006年……57歳
販路を拡大。ビニールハウスを増築
地元の農家からビニールハウス4棟分の骨組み、暖房設備を無償で譲り受けて増築。ハウスが全7棟となる。

2009年……60歳
売り上げが定年時の収入額に
前年、退職時の給料の手取り額にようやく農業での売り上げが追いついた。「減価償却分を除けばようやくペイできるようになった」。

『栽培が軌道に乗るまで、どのような苦労が？』

農地探しには苦労しました。退職して1年目は神奈川県内で探しましたが目処が立たず、その後、知人の紹介により千葉県で探してからも、現在の土地が見つかるまで半年かかりました。空いている農地はあっても、地主さんはそこにハウスなどの施設を作ることをいやがるのです。

千葉県に引っ越してきて農業関係機関から最初に紹介された土地は、ハウスを建てるために測量を始めた途端、周辺の住民から騒音が迷惑だから夜間にボイラーを焚くなと言われ、諦めました。南房総とはいえ冬は冷え込みます。夜間に暖房を切ったのではハウスとして機能しませんから。周りの人の力添えがあり、いまの土地を借りられたのはラッキーでした。

『直接販売の販路はどのように開拓した？』

就農準備校に通っていたときから、市場に卸すことは考えず、小売り店や消費者への直接販売を目指していました。いま地元ではスーパー3店舗、JAの直売所、道の駅「三芳村鄙《ひな》の里」に併設された農産物直売所「土のめぐみ館」で、うちで栽培した花を販売してもらっています。スーパーは、地元の運動会や祭りに顔を出していくなかで、スーパーに勤めている方と話す機会があり、店長を紹介してもらったのです。最初は売り場のうち2列8バケツ分をいただき、その後ブース全体を預かるようになりました。「土のめぐみ館」には、ユリを栽培しているから置いてほしいと売り込みました。最初はユリ限定で置いてもらい実績を積み、そこを運営する農事組合法人の会員になれてからは、他の品種も置かせてもらっています。

成功の決め手

作物栽培に固執しなかった

当初は、有機農業での作物栽培を志した。だが、自分の体力、商売として軌道に乗せるまでにかかる年月を考え、花卉栽培での就農に方向転換した。「それがよかった」と田中さんは振り返る。作物栽培を諦めたわけではない。「毎日必要な作物のほうが、仕事としての安定感がある」と、花の栽培とは別に水田と畑を借り足し、すでに米やそら豆なども作り始めている。

失敗の経験

土地探しに焦り約1年を棒に振る

会社を退職したものの、就農のための土地探しに苦労した。その焦りからか、つい「うまい話」に乗ってしまい、トラブルに巻き込まれた。「だまされた自分が悪い」と後悔の様子は見せないが、そのため1年間を棒に振ってしまう。その後、土地を探す先を千葉県の房総半島に絞り、現在の場所を見つけることができた。「気候が温暖な土地の人は、気持ちもオープンだった」。

市場には出さず小売り店や消費者に直接販売するため、花束にして出荷する。見栄えのいいきれいな花束にするため、出荷には女性の感覚を活かしている。

「どのような花束を作るか」から逆算して、栽培する花の種類を決めている。

朝6時から花を切り出し、花束にして正午前後に契約している小売り店の店先に並べる。午後は再びハウスに戻り、夕方まで花卉栽培の作業のほか、水田や畑での作物栽培も。

「農業に求められるのは経営者感覚。
消費者が何を求めているかをつかみ、
栽培に活かしていきたい。
流通も含め、開拓の余地は十分にある」

農業

酪農

栃木県鹿沼市
高山昭太
（山原牧場）
Shota Takayama

大学卒業後、上京し就職。
都会生活に飽きたらず、
33歳で酪農家として生きる決断。

「牛は『習慣の動物』と言われ、エサの時間が近づくと一斉に鳴き出す」。にわかに牛舎の周囲が慌しくなる。

衛生管理を徹底していても、ホルスタインは病気にかかりやすい。1頭でも病むと、獣医と連絡しながら24時間の管理体制を敷く。

就農に際して地名と屋号から「山原牧場」と名づけたのは、決意表明でもあった。清流で知られる大芦川が近くを流れる。

乳牛から乳が搾れるようになるまで、種付け（授精）から3年かかる。増産／減産の切り替えは工場のように容易ではない。

3番目の子ができたとき、父は就農を決めた。その子、長男の源喜さんが2009年春に就農し、働き手として加わった。そのうち、「仕事のあとの酒は格別」と言い出すに違いない。父のように。

牛の排泄物は1ヵ所に集め、乾燥させて堆肥にする。キャッチボールができる広さの施設は機械も含め2400万円かかった。臭いを抑える効果もある。周辺環境に対する配慮の表れだ。

牛舎の中を衛生的に保つため、牛の足もとに掘られた溝。落ちた排泄物が処理施設に流れていく仕組みだ。

長男は北海道の酪農短大を卒業した翌日、帰郷して就農した。「道内を観光でもしてくれれば」という親の勧めを断って。

サラリーマン時代の収入を上まわるため
綿密な事業計画を立てて、いざ就農

地に足が付いた生活を求め、都会を離れる

高山昭太さんは農家の生まれ。男4人兄弟の3男。子供の頃からイチゴ畑や水田の草取りに駆り出された。「サラリーマンの家の子が羨ましかった」。

それでも大学では農業経済を専攻する。一日中働いているのに家計が厳しいとこぼす両親を見て、「流通や販売から農業を学んでみよう」と考えた。農業が嫌いだったわけではないのだ。大学卒業後は、全国農業協同組合連合会(全農)に就職した。ちなみに、4人兄弟はいずれも実家の農家を継いでいない。じつは、父親も元鉄道マンとして東京で働いていた転職者。もともと遺伝子には、農業は記録されていなかったのかもしれない。

全農では、JRの秋葉原駅前にかつてあった神田の青果市場に配属された。作物価格が決まるそこで、農産物流通の理想と現実とのギャップを目の当たりにする。実家の家計が厳しい理由が分かった気がした。酒の席で理想論を振りかざして上司と衝突もしたが、目の前の仕事に忙殺された。何より初めての都会生活は楽しかった。ところが2年目あたりから、日々の生活に違和感を覚え始めた。「都会には何でもある。でも、『自分のもの』が何もない」。

結婚、Uターン転職、そして就農

「地に足が付いた生活」を求め始めた矢先、故郷で見合い話が持ち込まれる。相手は酪農家の長女で、県立高校の教師。興味半分で応じた見合いはとんとん拍子に話が進み、結婚が決まる。それを機に全農を退職することにした。農家出身の貴重な職員として慰留されたが、本人も「人生の転機にしたかった」と振り返る。高山さん、25歳のとき。地元に戻り酪農家に婿入りしたが、酪農家に転身するにはあと少し時間がかかる。

Uターン転職した先は、栃木県酪農業協同組合。農家出身で元・全農職員だが、酪農の知識はゼロに等しい。ところが、配属されたのは指導部門。酪農の現場で生産者と向き合う。生半可な知識では対応できない。必死の勉強で知識を詰め込み、県内の酪農家を訪問してまわった。この経験と、婿入りした家での休日の手伝いが、事実上の研修となった。

3人目の子ができ、高山さんはいよいよ酪農家への転身を決意する。だが、すぐに実行してはいない。組合職員として酪農家を訪問し、規模、施設、機械、経営状況を調査・指導する仕事を続けながら「自分がやったら」を念頭に置いたシミュレーションを繰り返した。勤めを辞めても一家の収入を減らさないために、自宅の酪農にどのような手を加えればいいか綿密な計画を立て、実現性に確信を得たうえで組合を退職した。このとき33歳。「無利子で借りられる後継者育成資金の対象が35歳まで。そのリミットも考えた」。こうして高山さんは11年という勤め人生活に終止符を打ち、酪農家になった。

勤めを辞めて初めて気づいたことがある。それは通勤にかかっていた無駄な時間だ。「通勤時間は、給料の出ない拘束時間。家での仕事なら、それをすべて仕事に使える」。牛舎は自宅の周囲にある。現在の「通勤時間」は、寝床から1分以内だ。

酪農だけが仕事とは思っていない

高山家の搾乳は朝6時と夕方6時。その時間になると、エサを求めて牛が一斉に鳴き出す。現在、その数80頭。就農時約40頭だったのを2倍に増やした。規模の拡大に伴い、一時は3000万円に達した借入れ金も、順調に返済してきた。その過程では、BSE問題、穀物や原油価格の高騰などの逆風も吹いた。海外からの安い乳製品の輸入拡大、国内の牛乳消費量の低下など、酪農家を悩ます原因はいまだにいくらでもある。

「〝酪農・命〟とは思っていない。あくまでも生活の手段」と語る一方で、「それなりの覚悟で転職した。安心して飲める良質の牛乳に対する消費者の理解を深めることや酪農のイメージアップのため、我々から働きかけるべきことが、たくさんあるはず」という熱意も見せる。2009年春には、大学を卒業した長男（高山さんが就農を決めたときに生まれた子）が就農した。義父から継いだ酪農の仕事を、息子へ。遺伝子に農業は刻まれていた。

乳牛は穏やかでおとなしい。それでも、
動物相手の仕事は、他の農業にはない緊張感がある。

山原牧場には現在80頭の牛がいる。そのうち経産牛(乳が搾れる牛)は53頭。残り約1/3は成長過程にある。

『サラリーマン経験は、酪農に活かされた？』

私を含め別の仕事からの転職者に共通しているのは、時間の割り切りがはっきりしていること。酪農は本来、一年３６５日、牛がお産や病気のときは早朝も深夜もない仕事ですが、そうでない時間を別の作業や自分のために使う切り替えが上手な気がします。また、酪農の仕事に直接関係しているかどうか分かりませんが、人と会い話をすることを苦にしない傾向も感じます。酪農は家での仕事ですから、話をする相手が家族だけ、ということにもなりかねません。積極的に自分から外に出て行くことで、世の中への視野を広げるようにしています。

『高山家の酪農業の仕事は？』

搾乳は朝6時と夕方6時。ほかの仕事も、搾乳のための準備や後始末と言えます。エサやりは搾乳の直前とお昼に。購入した飼料と、自分の畑で栽培したトウモロコシや牧草を混ぜて与えます。その畑仕事も重要です。排泄物の処理も毎日の仕事。糞尿は臭いを抑えて堆肥を作っています。

乳牛は現在80頭いますが、全頭から乳が搾れるわけではありません。乳を搾るには、牛を妊娠させなければなりません。人工授精で妊娠させ、子牛が生まれるまでが10ヵ月。子牛を育て、種付けができるようになるまで14ヵ月かかりますから、搾乳できるのは、授精から約３年かかることになります。牛乳は生産調整が、すぐにはできないのはそのためです。

出産が近くなったら、ほぼ24時間の管理に。昨年（２００８年）の年間出産回数が55回。多い月は10回ありました。生まれた子牛は一部をうちに残

就業までの変遷

１９７８年……23歳
大学卒業後、全農に就職
宇都宮大学農学部農業経済学科を卒業後、全国農業協同組合連合会(全農)に就職し上京。神田市場に配属。

１９８１年……25歳
Uターン転職
栃木県鹿沼市に帰郷。結婚して酪農家に婿入りする。仕事は、栃木県酪農業協同組合(栃酪)に転職した。

１９８９年……33歳
酪農業に就農
8年半勤めた栃酪を退職し、義父が営む酪農業を継ぐ。計画的な設備投資により、約5年で生産量を2倍にまで拡大した。

１９９６年……40歳
農水大臣賞受賞
経営実績、酪農への姿勢が評価され、第14回「全農酪農青年婦人経営体験発表会」で農水大臣賞を受賞。

２００９年……53歳
長男が就農
北海道の酪農学園大学短期大学部を卒業した長男が、卒業式の翌日に帰郷し就農。働き手が一人増えた。

し、その他は売ります。要するに、種付け、妊娠、出産、搾乳を繰り返し、その間に生まれた子牛を育てるのが仕事の大きな流れです。

相手は動物ですから、365日やることはいくらでもあります。牛が病気したときも24時間体制になります。農閑期がないのが、酪農業。冠婚葬祭などで仕事ができないときは酪農ヘルパーの派遣を依頼しますし、いまは長男が働き手として加わったので少し楽になりましたが、かつては年間の労働時間は3000時間に達していました。

『酪農の現状に対して、感じることは?』

あのBSE問題では、子牛価格が暴落しました。生産者乳価も十数年前から下がり、昨年多少持ち直しましたが、それでも20年前に比べて10%は安い。低め安定が続く一方で、飼料代や燃料代の高騰が酪農家の経営を圧迫しています。

日本の生産者は、海外に比べて厳しい基準をクリアした安全でおいしい牛乳を安心して飲んでもらえるように最大限の努力を払っていますから、それだけコストがかかる。ところが、消費者は一時的にはあれだけ食品の安全性について反応を示したのに、現在のように不況が続くと、10円でも安い商品に飛びつく。つまり、安全性よりも価格重視の消費になる。

酪農家は自分たちで乳価を決められません。飲用牛乳として製品化するには大規模なプラントが必要なため、手軽に直売もできません。かかるコストを価格に転嫁できず、定められた乳価で卸すしかない。ここ2、3年で酪農家が激減しているのには、そうした背景があります。我々酪農家には現状も含め、消費者の皆さんに酪農という仕事への理解を深めてもらうため、やるべきことがたくさんあるはずです。

成功の決め手

「仕事=生活の糧を得る」に徹する

「酪農は仕事。趣味ではないので、それにより生活の糧を得て、人並みの生活ができなければ意味がない」。高山さんの酪農観は合理的だ。就農するにあたっても経営という面から酪農を徹底的に分析し、①サラリーマン時代と同等の収入を得る、②自助努力により、規模を拡大できる、という2点を実現する経営計画を立てた。長男の就農はその計画にはなかった嬉しい誤算かもしれない。

失敗の経験

今後の課題は情報発信力の向上

就農して20年間、経営上の悩みは設備投資用の借入れ金を除けば、すべて高山さんのあずかり知らぬところに原因がある。BSE問題、穀物や原油価格の高騰……。燃料費が上がれば電気・ガス料金が上がり、航空会社はサーチャージを取る。だが酪農家は、生産コストを乳価に乗せられない。構造的な問題の改善も含め、酪農家が牛と向き合っていれば済む時代ではないと感じている。

山原牧場では、年間に50頭〜60頭の子牛が生まれる（多いときは1ヵ月に10頭）。その一部は自分のところで育て、あとは他の牧場に売る。子牛も重要な収入源だ。

絞りたての牛乳の温度は33、34℃ある。クーラーで一気に5℃まで冷やし、雑菌の繁殖を防ぐ。パイプラインを通し急冷を自動化した牛舎もある。

飼料となる牧草とトウモロコシは、自宅の畑で栽培している。「飼料のすべてを買っていたら、コストが見合わない」。

「通勤がない。上司がいない。異動も出向もない。
何より酪農家には、定年がない」

農業　就業事情

就農とは、その土地の人間になるということ

農業への注目が高まっている。食の安全性や自給率問題への関心、環境問題に対する危機感、田舎暮らしブームなどが、「農業」というキーワードで交差しているようだ。さらに2009年は、世界金融危機を背景とした雇用不安や失業率の増大により、転職や就職先の選択肢として農業がクローズアップされた。新規就農の全国的な窓口である「全国新規就農相談センター」への問い合わせ件数は、2008年に比べて3倍に増えているという。

バブル経済が崩壊した直後の1990年代初頭にも、「新規就農」「Uターン・Iターン就農」「脱サラ就農」といった言葉が一部の新聞紙面を賑わせた。そのときに全国で整備された農業未経験者に対する就農窓口が拡充や改良を重ね、現在機能している。かつて農家の後継者は、その家の長男と決まっていた。いまもその考えが消えたわけではないが、農業に対する関心ややる気が高ければ就農できる道筋が整ってきたと言えるだろう。

就農への道は、大きく分けて2本ある。農業法人に就職して、企業研修として農業技術を身につける方法と、当初から独立することを目指して就農準備校や農業大学校（4年制の農業大学ではない）で知識や基本技術を学んだあと、実際に農家で研修を積むという方法だ。農業法人で経験を積んでから独立する人も少なくない。

いずれにせよ農家として独立するためには、耕作する農地を確保し、必要な機械を購入しなければならない。そのための資金を貸してくれる融資制度が自治体には整っているが、年齢制限が設けられているケースが多い。

農業は、就農＝収入ではなく、収穫した物が売れて初めて収入になる。就農から収穫して販売できるまでの生活資金も、当然必要だ。就農に際しての自己資金の相場が1000万円と言われるのも、そのためだ。

農地は買うにしても借りるにしても、原則的には市町村の農業委員会の許可が必要。各種の制度資金を利用する場合も、農業委員会から農家として認定されなければならない。そのためには就農した土地で、将来にわたり農業を営む意志を明らかにすることが条件になる。農家になるということは、その土地の人間として生きていくということ。つまり、「最後の転職」にするということだ。

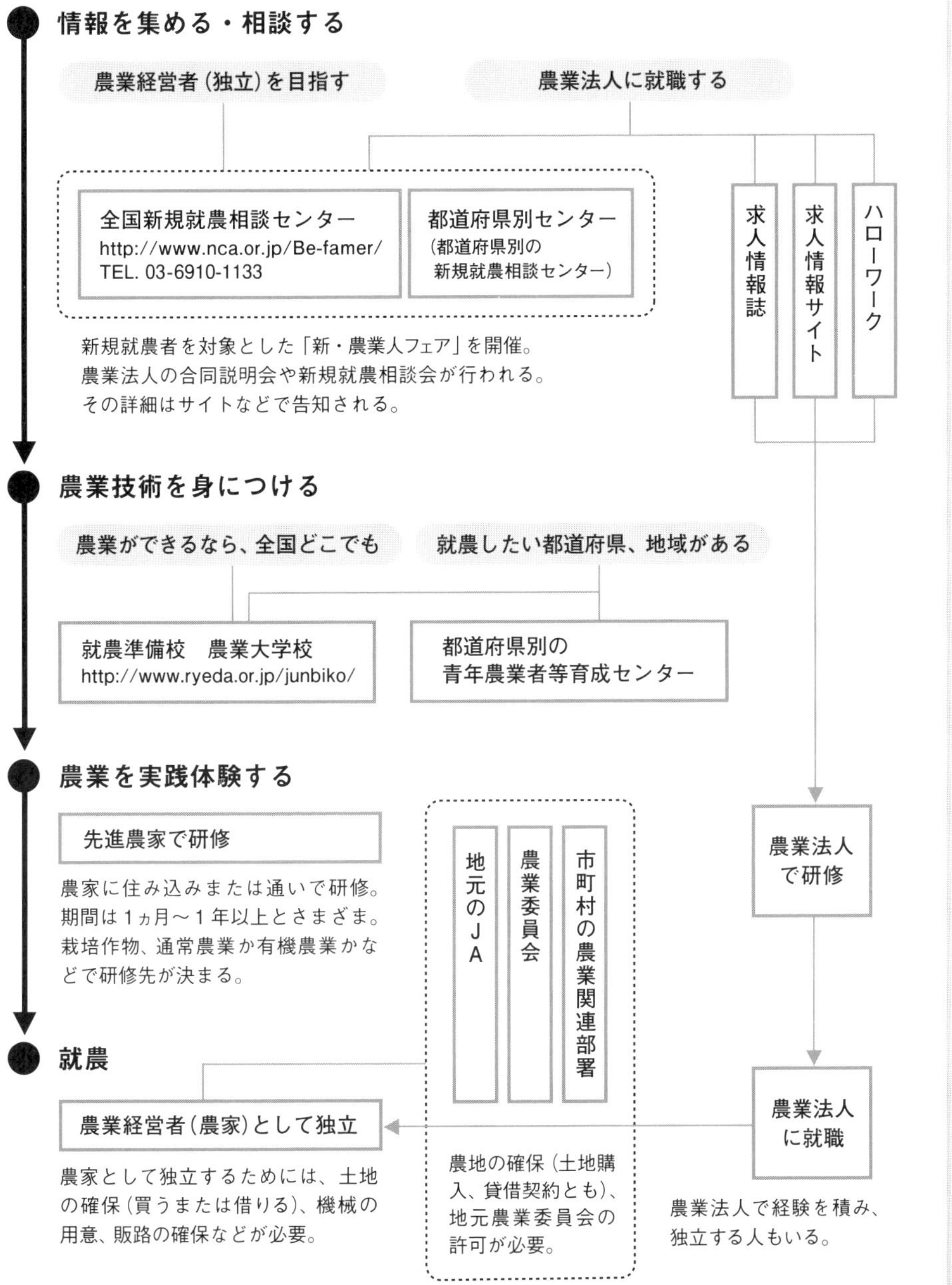
情報を集める・相談する
農業経営者（独立）を目指す
農業法人に就職する
全国新規就農相談センター
http://www.nca.or.jp/Be-famer/
TEL. 03-6910-1133
都道府県別センター
（都道府県別の
新規就農相談センター）
求人情報誌
求人情報サイト
ハローワーク
新規就農者を対象とした「新・農業人フェア」を開催。
農業法人の合同説明会や新規就農相談会が行われる。
その詳細はサイトなどで告知される。
農業技術を身につける
農業ができるなら、全国どこでも
就農したい都道府県、地域がある
就農準備校　農業大学校
http://www.ryeda.or.jp/junbiko/
都道府県別の
青年農業者等育成センター
農業を実践体験する
先進農家で研修
農家に住み込みまたは通いで研修。
期間は1ヵ月～1年以上とさまざま。
栽培作物、通常農業か有機農業かなどで研修先が決まる。
市町村の農業関連部署
農業委員会
地元のJA
農業法人で研修
就農
農業経営者（農家）として独立
農家として独立するためには、土地の確保（買うまたは借りる）、機械の用意、販路の確保などが必要。
農地の確保（土地購入、貸借契約とも）、地元農業委員会の許可が必要。
農業法人に就職
農業法人で経験を積み、独立する人もいる。

海・川・湖沼の仕事

漁業

船上を職場とする仕事を、人は昔から
板子一枚下は地獄と言い表してきた。
その喩えを借りるならば、
地獄から宝を持ち帰るのが漁師。
だから、閻魔にまさる強さが要る。
水上の狩人がたくましいのもうなずける。

漁業 沿岸

定置網漁

神奈川県足柄下郡湯河原町

鳥海憲治

Kenji Toriumi

（福浦定置網）

水族館職員から漁師に転身。
高齢化が進む漁師町に転居し、
31歳で定置網漁の船頭に。

操業は深夜に始まる。時計の短針はまだ高い位置。漁師町は眠りの中。海は深い闇から波の響きだけを聞かせ、姿は現していない。視界の中で動いているのは漁師たちだけ。人工の光に照らされた彼らの周囲だけが、熱を発散していた。

船が出ると港から人の動きが消え、深夜の静けさを取り戻す。煌々と光る無人の岸壁が、帰る陸の位置を漁師たちに示していた。

相模湾内の漁場へは、出港から15分ほどで到着する。敷設した定置網に船を慎重に横付けし、水揚げが始まる。網を引き上げ、ライトに照らし出された視界に魚群が見えてくると、いよいよ佳境に。大量のブリが海面を叩く音があたりに響き、人の声も通らないほどだ。

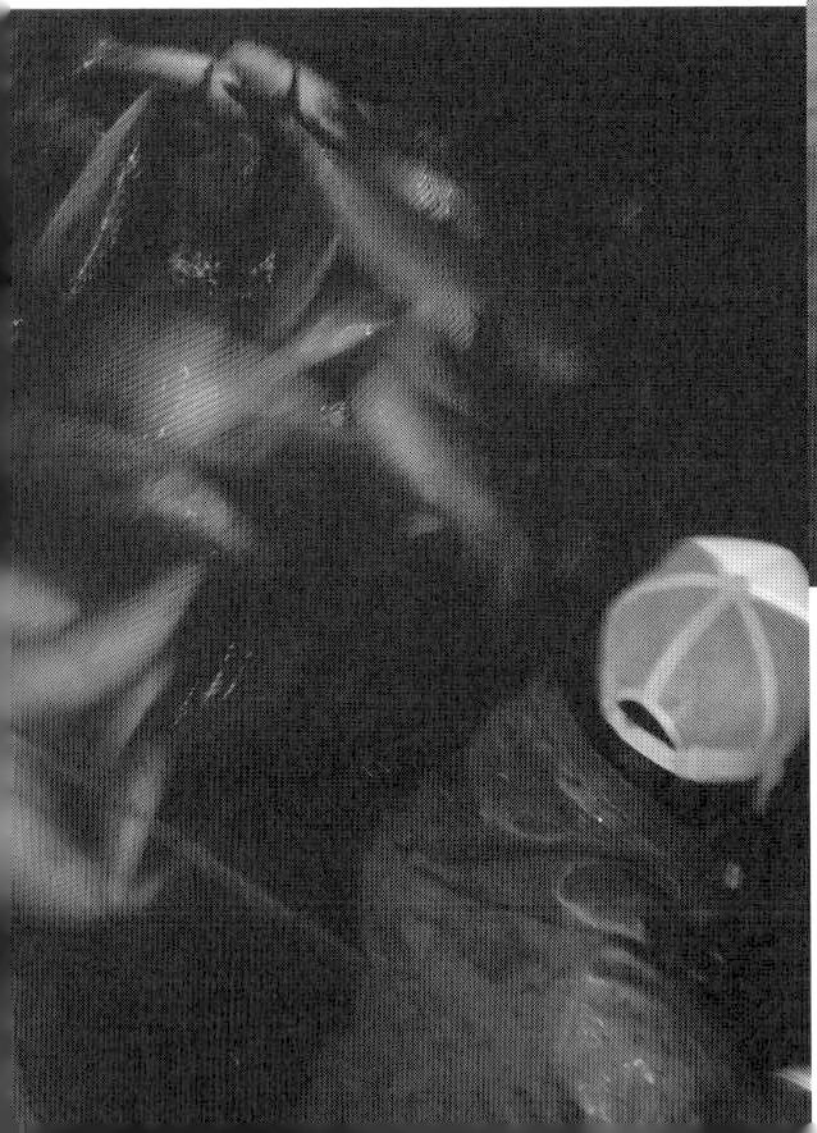

作業船の周囲を伝馬船と呼ばれるボートがスピーディーに船首を切り返しながら動き、網やロープのほつれを処理。定置網漁の陰の主役。

海鳥を従えて母港に帰る定置網船の姿は、勝者の凱旋のよう。甲板の漁師たちには、陸での仕事が残っているが。

漁師たちの水揚げ作業は、黙々と続く。作業を確認し合う声はあるが、怒声は聞こえない。全員が仕事を理解しているからだ。だが、初めからそうだったわけではない。無言のうちにお互いをフォローできるチームに育てたのだ。

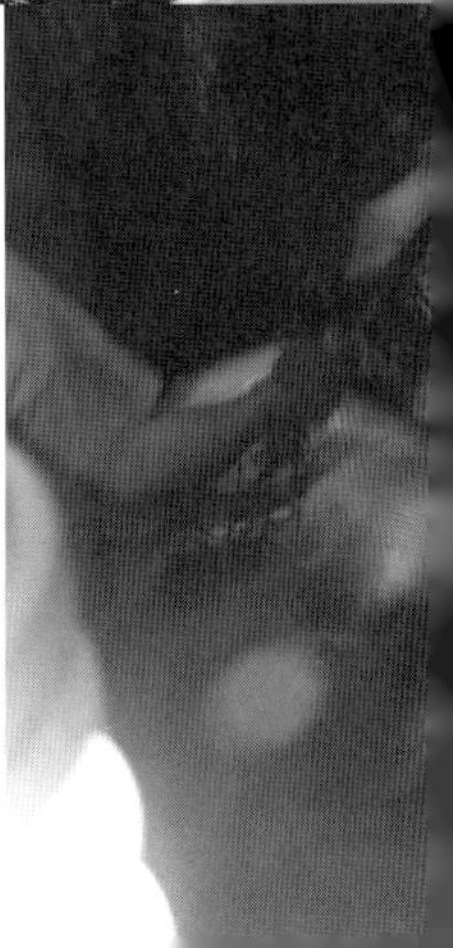

与えられた仕事+それ以上をこなし
30代の船頭として、20代の漁師集団を率いる

全員がすべての仕事を理解する漁師集団

まるで、稽古を重ね高度に完成させた集団パフォーマンスを見る思いだった。福浦定置網所属「第一海福丸」の甲板で働く漁師たちの仕事だ。網を引く、ロープをたぐる、氷を撒く……。一つひとつの作業はシンプルだが、全員の動きが複雑に連係している。仲間の様子を見てサポートに入る。チーム・スポーツのようにポジションやフォーメーションが決められているわけではない。誰もが、どの仕事もこなす。

その動きは甲板上だけにとどまらない。定置網漁では、伝馬船と呼ばれる小型ボートが海上での細かな仕事を担当する。その動きも、確実に甲板と連動している。そこにいる8名がすべての仕事を理解し、かつ強い仲間意識を共有しながら、魚を水揚げするというただ一点に気持ちを集中させている。

驚くべきはその8名ほぼ全員が、福浦港に来るまでは漁業未経験者であったこと。少数精鋭の漁師集団は、素人の寄せ集まりだということだ。

丁寧に何度でも教えることの徹底

漁師集団を率いる船頭の鳥海憲治さんも、漁師の家の生まれではない。高校を卒業してから10年間は、神奈川県三浦市にある油壺マリンパークで、イルカの調教や魚の飼育をしていた元・水族館職員だ。高校時代、開園を控えた葛西臨海水族館が、マグロを回遊展示するまでのプロセスを追ったドキュメンタリー番組を目にし、水族館で働くことに憧れた。高校の恩師の協力を得て見つけた就職先が、油壺マリンパークだった。半年間営業部門に籍を置いたあと、念願がかなってイルカの調教係に異動した。それから8年間イルカの調教に携わり実感したことは、イルカよりも、人に教えることの難しさだった。試行錯誤の末に身につけた新人教育法は、「見て覚えろ」「一回言わ

れたら覚えろ」という教える側主導の教育ではなく、身につくまで丁寧に何度でも教えることの徹底だった。この教育は、定置網の船頭になってからも変わらない。先述の素人集団は、そうした教えを受け、仕事を覚えていったのだ。

水族館職員から漁師への転身

入社して9年目、鳥海さんは魚類の飼育係に異動した。展示する地元相模湾の魚は、そこで漁をする漁業組合や会社などから譲り受けることが多い。漁師との交流も重要な仕事になる。さらに、マグロ飼育のプロジェクトに加わってからは、連日漁港に足を運び定置網船に乗って漁も手伝った。水族館職員としての目的は網にかかるメジマグロを分けてもらうためだが、次第に本人も「水族館の職員だか、漁師だか分からなくなり」、漁師たちからも「漁師になれ」と誘われるようになっていた。10年目に水族館を辞めて横須賀の定置網漁師になったのも、自然の成り行き。三浦市から横須賀市へ。すでに所帯を持ち子供もいたが、妻は背中を押してくれた。

横須賀での働きぶりに目をつけた網元から、船頭として福浦の定置網を立て直してみないかと声をかけられたのは漁師になって3年目のことだった。

仕事を覚えたら全国で船頭になってほしい

船頭になることは漁師の夢である。まだ30代前半という若さと、わずか3年という漁師経験に戸惑いはあったが、引き受けることにした。今度は横須賀市から湯河原町へ。子供はすでに小学生だったが、このときも妻は反対しなかった。

当時、福浦の漁港は活気を失っていた。漁師の高齢化が著しく、地元の人もすでに漁業に対して関心を向けていなかった。理想とする定置網漁がある。その実現のためには素人でもいいから、若い漁師が必要だ。そう考えた鳥海さんは全国に漁師募集の目を向け、一人また一人と若者を集めていった。そうして育て上げたのが、いまのチーム。「やる気のあるいい人間が集まってくれた」。でも、現在のメンバーをこの地に引きとめるつもりはないと言う。

「ここで仕事を覚え、全国の漁場でそれぞれ船頭になってほしい。そうすれば、漁業全体が活気づく」。自分自身は「自然を相手に、魚を捕るということだけを目的とする潔い仕事として、漁業に惹かれた」。打算も矛盾もない漁業という仕事が好きなのだ。

機にかけるまでは人力が頼り。決して一人ではできない漁だ。

午前4時。
20代の漁師の仕事は、この日最初のピークを迎える。
学校時代の仲間は、まだ夢の中にいるはずだ。

定置網漁は、本船と台船という2隻の作業船で網をはさみ込みながら、クレーンを積んだ本船に魚を引き上げていく。 網の巻き上げ

『水族館職員としての経験は、漁業に活きている？』

水族館に勤務していたときの経験で、個人的に最も大切な財産になったのは、8年間イルカの調教をしたことです。そこで人に教え、人を育てることの難しさを知り、自分なりの方法を学びました。イルカではなく、人の、です。

イルカの調教係は何人かいます。しかし、イルカに対しては同じことを同じように接しなければいけない。そのためには、調教係全員が同じレベルの技術を身につけることが必要です。でも、人は自分なりの考えや価値観が仕事にも現れてしまう。イルカにも個性はありますが、賢く素直。問題は常に、教える人のほうにありました。新しく調教係になった未経験の人に対しては、とにかく丁寧に教えること。そのためには何度でも同じことを言い、やって見せること。そしてイルカに対する気持ちを共有すること。そうした、水族館時代に人を教え育てた方法は、船頭になってからも変わりません。

『漁師になるために大切なことは？』

海、魚、そして漁業という仕事が好きであることは最低条件でしょう。うちのような定置網の場合は、あとは素直であること、そして辛抱強さと体力です。定置網漁は仲間と組んでやりますから、最初から技術は求めません。それは、船に乗りながら覚えていけばいい。一言で定置網漁と言っても、漁場や船によって漁に対する考え方やしきたりが違います。ですから、仮によそで経験のある人でも、乗った船のやり方に従わなければいい働きができないし、周りの迷惑になる。未経験ならなおのこと、素直に先輩漁師に従うべきです。また、夏の沖合の暑さや体力の消耗は、陸では想像できません。それ

就業までの変遷

1989年……18歳
高校を卒業し、水族館に就職
高校を卒業後、神奈川県三浦市にある油壺マリンパークに就職。半年間の営業を経て、イルカの調教係になる。

1997年……26歳
イルカの調教から魚の飼育に異動
8年間、イルカの調教係として従事したあと、魚類の飼育係に異動。マグロ飼育のプロジェクトにも参加した。

1999年……28歳
定置網漁の漁師に転職
魚を捕ることが仕事の目的というシンプルさに惹かれ、漁師に転職。かねてから知る横須賀の定置網船に乗る。

2002年……31歳
福浦定置網の船頭になる
横須賀での仕事ぶりが認められ、網元を同じくする福浦定置網の船頭に抜擢される。当時は珍しい30代前半の船頭が誕生した。

2005年……34歳
新たな定置網を敷設
漁獲高を上げるため、定置網の規模を拡大。敷設位置も沖に移動させた新しい網での操業を始める。

にへこたれない辛抱強さや体力は必要です。

『一日の仕事時間は？』

出船時間は、季節や日によって多少前後します。午前2時くらいに港を出ることもあれば、3時4時になることも。前日に翌朝の水揚げ量がおよそ分かりますから、小田原の市場で行われる6時の競りに間に合うよう、逆算して出船時刻を決めるためです。捕った魚を出荷するために一度帰港。小田原に魚を積んだトラックを出したら再び出船し、追い込みと言って、翌朝水揚げをする網をある程度まで引き上げておく作業をします。そのときに、翌朝の水揚げ量が把握できるのです。

追い込みを終えて港に戻ってから、全員で朝食。休憩を挟んで網の補修や船のメンテナンスを行い、正午にはその日の仕事を終えたいと思っています。ぼくはそのあとも、船頭としての仕事がありますから、家に帰るのは午後3時4時。翌朝の出船が早いときは6時には床につくようにしています。ただし、これは福浦定置網の場合。市場での競りの時間や仕事に対する考え方の違いで、一日の仕事時間は、定置船によってさまざまだと思います。

『福浦定置網の、現在の課題は？』

現在、福浦定置網の漁師は8名。30代がぼくともう1名。あとは20代。いまの仕事量では10名が適正だと考えているため、あと2名を加えたいところです。希望は若い人。全国には漁業に興味を持っていながら、どうしたらなれるのかを知らない人がいると思います。そういう人で、本当にやる気のある人に我々のことを知ってもらい、訪ねてきてほしいと希望しています。

失敗の経験

漁師募集の方針が定まるまで

福浦で船頭になったものの、漁師の数が十分でない。地縁のない土地で漁師を集めるため、当初は手近な地方新聞などで漁師募集を告知したが、うまくいかなかった。考えを切り替え、視点を全国に。全国漁業就業確保育成センターの「漁業就業支援フェア」にブースを出展し、同センターのサイトに募集告知を掲載した。その効果があり、遠くは京都から来た漁師もいまはいる。

成功の決め手

理想の追求をあきらめない

横須賀の定置網で船員として働きながら考えていたのは、「いずれは一番（船頭）になる」ということ。そのため、理想とする定置網漁の姿を常に思い描いて仕事をした。働きが認められ、若くして福浦定置網の船頭になってからは、いよいよその実現を追求した。地縁のない土地で、一度は廃れた漁港での仕事だったが、諦めず時間をかけ、少数精鋭の定置網チームを作り上げた。

定置網漁は、決して一人ではできない。
だからこそ、漁師一人ひとりの
実力と自律が欠かせない。

鳥海船頭（前列左から2人目）率いる「チーム福浦」は、メンバーの大半が20代。世間で言われる漁師の高齢化がウソのようだ。

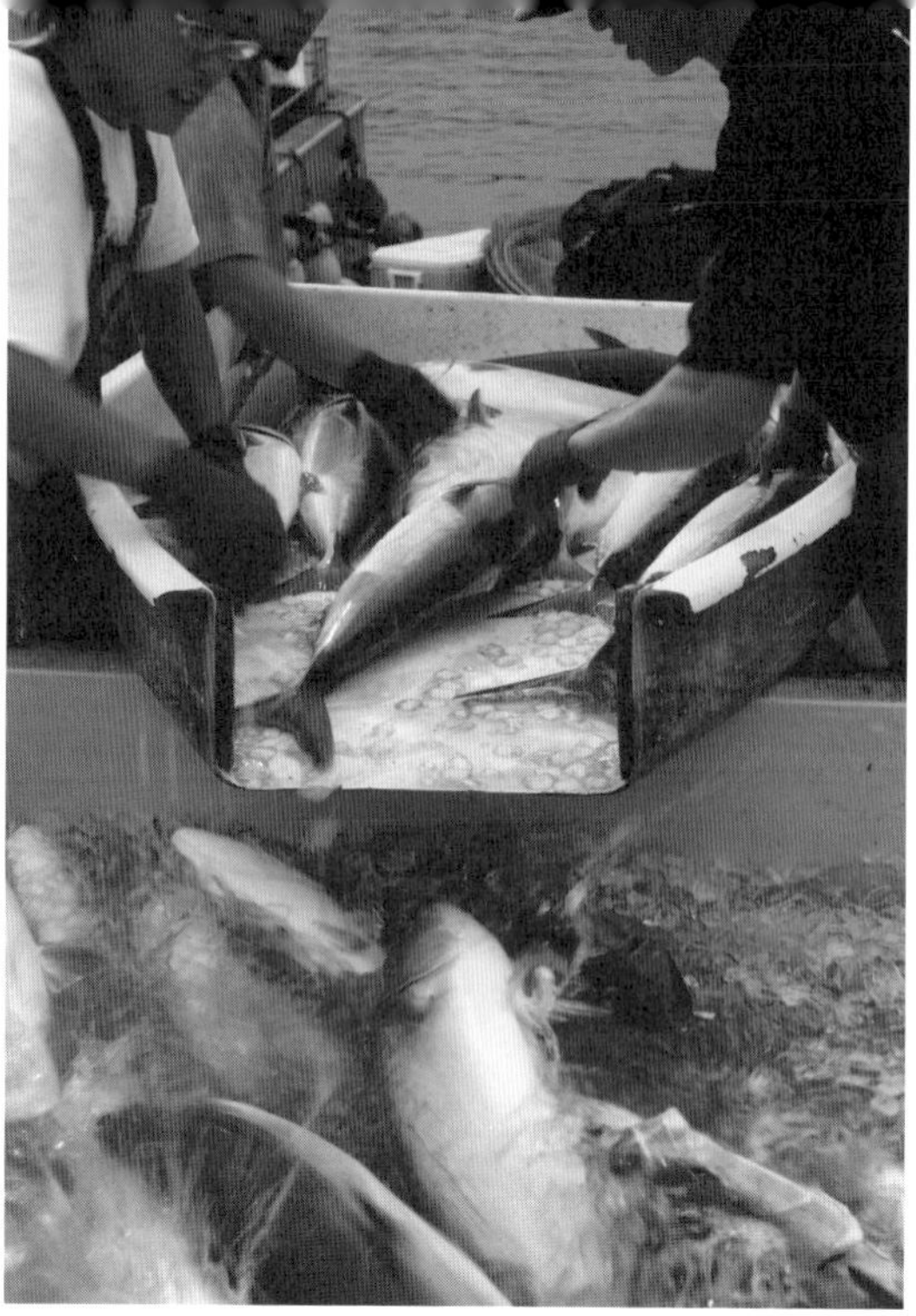

捕った魚を卸す小田原市場の競りは6時から。湯河原町にある福浦港からトラックを飛ばし、その時刻に間に合わせるため、ブリの選別作業を急ぐ。

定置網にはさまざまな魚がかかる。かつて生物学的に珍しいサメがかかり、水族館に寄贈したこともある。

網の補修も大事な仕事。長さ数百mにおよぶ巨大な網のほころびを探し、手作業で修理していく。

「福浦に残る必要はない。
ここでしっかり仕事を覚え、
全国で定置網の船頭になってほしい」

漁業 沿岸

はえ縄漁

千葉県銚子市

仁濱 隆

（銚子市漁業協同組合）

Takashi Niihama

28歳で大手電機メーカーを退職。父を師匠にして漁法を身につけ、自らの船で自営漁業を営む。

漁場は銚子沖。利根川からの流れが太平洋に注がれ、複雑な波を作る。小さな船は油断するとひっくり返されそうに。

夜明け前に操業が始まる。月明かりや街の灯でうっすらと浮かび上がる岸の形を目安に、海原で自分の位置を確かめる。

船の右舷、操舵室の後方が定位置。エサ付け、仕掛けの微調整、海中への投入と回収、そして操船も座ったままこの位置で行う。

カタクチイワシを現地調達する。船から釣り糸を垂らすと、おもしろいように釣れる。これらは海水を張った船倉に入れ、生きたままエサにする。漁の本番は、このあと。

28歳で漁師への転身を決め、帰郷。まず、地元の造船所に船を注文した。エンジンや装備も含め「家1軒分くらい」の建造費は制度資金を利用。1年後に完成した「仁辰丸」は3.26 t。小回りの利く30年来の愛船だ。

「漁船の乗組員になるなら新規就業も簡単。要するに就職と同じだから。それも漁業だけれど、私は一度、勤め人をやって外の世界を知っているから、漁業は一人でやる。そうでないと、おもしろみがない」

狙いは、沿岸の岩場に棲む季節の魚。細かい作業を求められるが、単価が張る。しけのなか、5kgのスズキが揚がった。

30歳を目前にして、サラリーマンから転身。故郷に戻り、父とは違う漁師の道を歩む

専門技術を捨て、漁業への転職を図る

全国屈指の漁師町として知られる千葉県銚子市に生まれた。父親はマグロはえ縄漁船の乗組員。休漁の季節は自分の伝馬船（小型の和船）ではえ縄を仕掛け、スズキなどを捕っていた。しかし息子に、漁師になることを勧めなかった。「これからは、漁業では食っていけない」。昭和40年代の半ば、高度経済成長の副作用として公害問題が叫ばれ始めた時代。人の行いで汚された海は、その返答として恵みの量を減らしつつあった。

高校を卒業して大手電機メーカーに就職した。仁濱隆さんの社会人生活は、サラリーマンとして東京でスタートした。仕事はテレックスオペレーターという専門職。海外との通信もあり生活は不規則ではあったが、高校で身につけた専門技術を活かした仕事に不満はなかった。だが、30歳を目前にして転職を思い立つ。電子技術の進歩により、テレックスに代わる通信手段が普及しつつあったからだ。「近い将来、自分の仕事は不要になる」と思った。

生活の糧にしてきた技術を28歳できっぱりと捨て、仁濱さんは漁師になるため銚子に戻った。「一大決心があったわけではない。子供の頃から身近にあった職業が漁業だったというだけ。その可能性を探ってみようかな、と。だめだったら、肉体労働でも何でもしようと思っていた」。

新規参入する自営漁師の方向性

銚子に戻った仁濱さんは早速、地元の造船所に漁に使う船を注文した。エンジン、無線などの装備も含めて「家1軒分」になった造船費用は、千葉県が漁業者育成のために設けた制度資金を活用。その借り入れは、就業後10年で完済している。

注文した船は、小回りの良さを優先させた。地元

出身とはいえ、漁業へは新規参入となる。一攫千金が狙える漁場は、すでに飽和状態にあった。そこで仁濱さんは、沿岸の岩場にいる根魚を狙うことに決めた。「船の上での作業が細かくなるため、ベテランの漁師がいやがる漁。そこでなら、新規に始められる余地がある。捕れる魚もそれなりの単価になるので、自営でやっていくなら何とかなるだろうと目論んだ。安全性を第一に考えれば、もう少し大きな船のほうが安定性が高い。でも、根魚を狙うには小回りが利くほうがいい」という判断からだ。

注文した船が出来上がるまでは約1年を要した。船の完成を待つ間を利用して、船舶免許など操業に必要な資格を取得。高校を出てすぐに上京したため、自動車運転免許もその間に取っている。

帰郷して1年後、機動性を重視した3・26tのはえ縄漁船は、父の伝馬船に付いていた「仁辰丸《じんたつまる》」という名を受け継ぎ進水した。

操業を始めた当初は、すでに現役を引退していた父親も乗船した。だが、「どこで何を狙うかという営漁計画は自分で立てた」。営漁計画は、季節、風向き、天候、波の高さ、潮流の変化、前日の水揚げなどを考え合わせ、前の日の晩に決める。それにより船に積む仕掛けやエサが異なるからだ。ときには父親の見立てと異なることもあったが、自分の考えを押し通した。

5年後、父は船を下りた。事実上の免許皆伝だ。以来、船上の漁師は単独となり、仕掛けの投入と回収、同時に操船も一人で行っている。

漁場は太平洋の外海。そこに利根川から大量の水が流れ込み、複雑な波を作る。あわや転覆という危険にも度々さらされた。水揚げ量も予想できない。はえ縄漁は、長さ数百mにおよぶ幹糸《みきいと》に、ハリにエサを付けた枝縄《えだなわ》を縄のれんのように下げた仕掛け。要するに何本もの釣り糸を同時に垂らしているようなものだ。「大漁だった前日と同じ仕掛け、同じ場所だからといって、次の日も捕れるとは限らない。逆に今日は不漁だった場所で、翌日大物が揚がることも」。自然相手の漁業では、「すべての経験が財産になる。成功も失敗も同じ価値」と言う。

「毎日、仕事でギャンブルをやっているようなもの」と自嘲するが、ゆえに「普通の人より2倍も日常生活を規律正しくしなければ」とも。「『太平洋銀行』は、口座はたくさんあるのに、簡単には貸し出してくれないから」。

自然は美しい。でも、いつも優しいとは限らない。
言葉にできない姿のまま、ときには人ごと船を飲む。

朝日より、海鳥より早く仕事を始める。漁に出た日は、水平線から昇る朝日を海上で迎える。

『漁師として独立することは大変？』

まずは、地元の漁業協同組合の組合員になれるかどうか、です。その土地につてがない場合、組合員になるには定置網、巻き網、底引き網などの乗組員として、1年2年という期間を働いて加入資格を得ます。条件は組合によってさまざま。希望すればすぐに入れるわけではありません。

漁業権の問題もあります。私のやっている沿岸のはえ縄漁は漁業権が絡まない自由漁業ですが、例えばタコや伊勢エビ、アワビやサザエなどは、漁業権を得て初めて捕れます。漁業権は、漁師にとって財産。新規参入の人に漁業権を与えることは、その財産を分け与えることです。新しい仲間は欲しいけれど、財産分与はしたくないと考えても不思議はないでしょう。一方でそうした状況が、新規参入の障害になっているとも推測できます。

そうした条件をクリアできれば、あとは設備と技術の問題。自営で漁業をやるなら自分の船や道具が必要ですから、その資金をどう確保するか。自己資金がない場合は、都道府県などが用意する制度資金を利用する方法もあります。技術については、漁の仕方を道具の使い方から誰かに学ばなければなりません。釣れた魚を売るという程度ならともかく、仕事として安定した収入を得るには、漁の方法を身につけなければならないでしょう。

『販路の確保は？』

市場に卸すには、一年を通してまとまった水揚げ量が必要。自営の場合は、それが難しい。私は父親の代から付き合いのある地元の活魚問屋に、その日捕れた分を一括で買い上げてもらっています。少しでも高く売るた

就業までの変遷

1971年……18歳
高校を卒業し、電機メーカーに就職
地元の水産高校の無線通信科を卒業し、テレックスオペレーターという専門職として電機メーカーに就職した。

1981年……28歳
漁師への転職を決める
テレックスに代わる通信手段の誕生で、仕事の将来性に疑問を感じて退社。帰郷し、漁師への転職を決める。

1982年……29歳
沿岸はえ縄漁を操業開始
帰郷してすぐに船を注文。造船費用は千葉県の制度資金を利用した。注文した船が完成するまでの間、船舶や自動車の免許を取得。ようやく1年後に船が完成。父親を師匠として、沿岸はえ縄漁の操業を開始した。

1987年……34歳
父親が引退し、一人での操業
父親が引退。以来、一人で海に出て仕掛けの投入や引き上げをしながら、同時に操船もする。それと前後して子供が生まれ、仕事に対する責任も増えた。

め築地まで運んだり、直売を始めた人もいましたが、なかなかうまくいかなかったようです。沖で散々働いたあと陸に上がり、売る仕事に力を注ぐのは体力的、精神的、そして時間的にもかなりきついはずです。

『一日の仕事時間は？』

私の場合は、太陽が昇る直前にその日のポイントに最初の仕掛けを投入できるように船を出すのが基本。一度海に出たら、お昼前後までポイントを移動しながら漁を続けます。

陸に上がったら、その日捕れた魚を港まで取りに来てくれる活魚問屋に卸して帰宅。仕掛けの補修などは家でやります。朝が早くても、生活時間はどうしても家族と一緒になるから、寝るのは10時11時に。それでも冬なら6時間程度は寝られますが、夏は睡眠時間が足りなくなります。

『海洋資源の枯渇が言われているが……。』

海には、人間が捕った分くらいの魚を再生する能力は十分にあると思います。本当に陸上に食べる物がなくなったら、海には魚はいくらでもいます。いまは市場価値がないから誰も捕らないだけです。

ただ、漁場として海が荒廃してきたのも確か。沿岸で操業していると、家庭からの雑排水や堤防整備による影響を感じます。港湾整備のために堤防を造ると、昔は荒磯だったところが穏やかになるため水が淀んでしまう。そうした工事をしないと、海岸が波で洗われ国土が浸食されてしまうという問題もあるようですし、港湾整備も漁業者の安全な操業という点などをトータルで考えれば、いいのかもしれませんが。

成功の決め手

沿岸の根魚に的を絞る

自営の漁師として一攫千金を狙うなら、沿岸から多少沖合に出て、クロムツなどを狙う選択肢もあった。だが、その漁場はすでに飽和状態。そこで、沿岸の岩場などにいるため漁の作業が細かくなり、ベテラン漁師がいやがる根魚に的を絞った。就業してから約10年間、イシガレイの豊漁という幸運にも恵まれ、一人操業による沿岸はえ縄漁を軌道に乗せることができた。

失敗の経験

慣れ、油断による危険

潮の変化を読み間違えたり、予想していてもその影響を甘く判断し、船を転覆させそうになったことがあった。貨物船の航行線上に仕掛けを投入してしまい、かろうじて衝突は避けたが、航跡の波にあおられたことも。「船の事故は人間の責任。船が悪いわけではない」と言う。半日操業して1匹も捕れないこともあるが、そうした「失敗はすべて、経験という貴重な財産になる」。

とも。1キロあたりの単価は下がるが、「大物が揚がれば素直に嬉しい」。漁師の本能だ。

昨日の大漁は、今日の水揚げを約束しない。
今日の不漁が、明日も続くわけではない。

スズキ、アイナメ、カサゴ、ヒラメなどを主に狙う。何匹も捕れるサバは、単価が安いため海に戻す。ときには10kg超のタイがかかるこ

価格が高いのは、捕れないから。捕れないのは、手強い獲物だから。いい魚でもたくさん捕れれば、安くなってしまう。

漁の師匠である父親と、揚げた魚を生きたまま買い取る活魚問屋が帰港を待っている。その日の漁獲売り上げは、その場で決まる。半日海の上で格闘し、手ぶらで戻らなければならない日もときにはある。

「経験がすべて。だから、成功と失敗は同じ価値。
海の上で、無駄な経験など一つもない」

漁業
内水面

シジミ漁

茨城県東茨城郡茨城町
鴨志田清美
Kiyomi Kamoshida
（大涸沼漁業協同組合）

看護師として27年間勤務。47歳で、子供の頃から親しんだ川を「終《つい》の職場」とする。

朝7時、湖面を原動機付きの和船が猛スピードで滑って行く。涸沼のシジミ漁は夏季が7時～11時、冬季が8時～12時の4時間と定められている。大涸沼漁業協同組合でシジミ漁を許可されている漁師は240名。漁場の位置取りは早い者勝ちだ。

量は少なくても大粒を狙うか、粒を揃えて大漁を狙うか。その日の目的に応じて道具を選び、漁場を定める。

長さ数mあるグラスファイバー製の竿の先端に付けた、「カッター」と呼ばれるステンレス製の籠で沼の底をさらう。これを唯一の漁具として、水に流され風に押されながら自然に位置を移動する。シジミを傷めない昔ながらの手捕り漁が守られている。

船べりに支点を定め、てこの作用でカッターを引き上げる。「慣れれば力なんていらない」。80歳を過ぎた現役がいるのはその証拠。

涸沼では殻幅1.2cm以上の成貝を出荷することが原則。舟の上と船着き場で2回ふるいにかけ、規定サイズ未満は沼に戻す。

看護師から転職し、子供時代からの技を活かす。漁協組合長として涸沼《ひぬま》のシジミ漁を守る

全国でも数少ない内水面の専業漁師

少々大袈裟に言えば、内水面漁業（河川や湖沼の淡水または汽水域での漁業）は、職業の絶滅危惧種に加えられそうだ。少なくとも、川や湖で魚介類を捕って売る漁師の仕事としては。いまも川魚、エビ、カニ、貝などを捕って売りさばき、収入を得ている人はいる。だが、大半は他の職業との兼業や趣味の延長であり、漁だけで生計を立てられる人はごく少数になった。

内水面漁業協同組合も全国に811あるが（全国内水面漁業協同組合連合会傘下の組合数／2007年）、それらの多くがいまは外来種の駆除や遊漁場としての流域整備など、環境保全が主な事業となった。専業漁師がいる茨城県の涸沼は稀な例だ。

大涸沼漁業協同組合の組合長を務める鴨志田清美さんはシジミ漁だけを仕事とする専業漁師。父親も涸沼の漁師だった。自分も子供の頃から見よう見真似で漁をしていたが、看護師の国家試験を受け、県内の病院に勤務した。漁師となったのは40代の後半。看護師時代から漁協に組合費は納め、シジミ漁の権利は父親のものを受け継いだ。「このあたりの漁師は、勤めを定年で辞めてから始めた人が多い」。

昔ながらの手捕り漁

涸沼は、水戸市の南約15kmにある汽水湖。涸沼川の下流域が上空から見るとツチノコのような形に広がり、周囲約20kmの湖面を形成している。涸沼川の一部ともされ、緩やかな流れがある。良質のシジミが捕れるのは、海に近いツチノコの尻尾部分。その中ほどに位置する前谷地区に、鴨志田さんの船着き場がある。

朝6時45分頃、そこに三々五々、10台前後の軽トラックが集まってくる。シジミを捕っていい時間が

7時から、だからだ。シジミという水産資源を保護するため4月〜10月末は7時〜11時、11月〜3月末は8時〜12時と、漁の時間や曜日、捕っていいサイズ、一日の水揚げ量の上限などを決めているのだ。

　涸沼のシジミ漁は、昔ながらの手捕り漁だ。物干し竿のようなポールの先端に付けた「カッター」と呼ばれるステンレス製の籠《かご》で湖底をさらう。船べりでポールを支え、てこの要領で湖底からシジミをすくい上げる。水の流れと風に任せて舟を少しずつ移動させながら、これを繰り返す。「コツさえつかめば、力などいらない」。そのため、80歳を超えても現役で働ける。若い漁師が「昨日張り切りすぎて筋肉痛だ」とでも口にしようものなら、「余計な力が入りすぎてっからだ」とベテラン漁師に笑われる。

自然がもたらす奇跡の塩分濃度

　涸沼の水は涸沼川を通じて海岸線の手前で那珂川と合流し、那珂湊から鹿島灘に流れ出る。満潮時に海から逆流してくる塩分を那珂川の水が薄め、さらに上流から流れ込む河川の水が薄めることで、シジミが育つ絶妙な塩分バランスを保っている。

　ところがいま、自然が作る奇跡のような塩分濃度が変化しかねない公共事業が進められている。国土交通省による霞ヶ浦導水事業だ。これは主に霞ヶ浦の水質改善のため、那珂川と利根川の水を地下導水路を通じて霞ヶ浦に流入させようというもの。利根川との導水路は１９９５年に完成している。一方、那珂川からの約43kmの導水路は、取水による水量の減少と水質悪化を懸念する流域漁業者などが強く反対し、工事は進んでいない。国交省は那珂川の生態系に影響はないと繰り返すが、涸沼については触れていない。そこで、那珂川の環境変化は涸沼にも多大な影響があるとする大涸沼漁協は、工事差し止め訴訟の原告団に加わった。

　涸沼のシジミは、鴨志田さんが組合長になり本格的に力を入れたブランド化が定着しつつある。だが、もし那珂川の取水による環境変化が最悪の結果をもたらしたら……。

「水門を造った利根川のシジミは全滅した。自然に対して人間が手を加え、成功した試しがない」。過去、全国で多くの漁師が漁業補償という当座の金を受け取り、漁場を捨てた。涸沼の漁師は、身近な自然の価値を知っている。自然と職業を守るための組合長の仕事が、また増えた。

日中はシジミ漁。
夜はウナギやエビを仕掛けで捕る。
休日も釣り竿を担いで水辺へ。
仕事も遊びも、やり尽くせない豊かさ。

地にしている。

約10km下流の那珂湊から逆流した塩分と那珂川水系の水が絶妙なバランスで混じり合い、涸沼を全国有数のシジミの生育

『シジミ漁の道具は？』

シジミは、ポールの先端に付けた「カッター」というステンレス製の籠で、沼の底をさらうようにして捕ります。昔ながらの漁法ですね。カッターは、幅が2尺（約60㎝）、1尺8寸（約55㎝）、1尺6寸（約48㎝）といくつかあって、その日の漁場の深さや水の流れの強弱で使い分けます。カッターを付けるポールはグラスファイバー製。昔は竹製だったので体重をかけ過ぎると折れて、舟から落ちるのがいました。カッターは注文で作ってもらい、1万6000円くらい。ポールは4万円くらいします。

私の場合、舟は自分で作っています。1艘買うと、50万円以上しますけど、木材を買ってきて自分で作れば、その半額くらいの出費で済みます。

舟には子供の頃から乗っていたので形は知っていましたけど、病院の仕事をそろそろ辞めようかなと思い始めた頃、原寸を計って図面を引いておきました。木材はサワラがいいですね。スギも使いますが、脂が出るからその処理が大変。ちょっとくらいすき間があってもいいんですよ。パテを詰めて、グラスファイバーを吹き付けますから。それに原動機を付けて使っています。原動機が30万円くらいです。

いま、組合で私が作った舟に乗っているのが20人くらいいます。以前なら仕事の合間を使って1ヵ月くらいで1艘を作れましたが、組合長になってからはなかなか時間が取れません。

『組合長としての主な仕事？』

大涸沼漁業協同組合の組合長になって力を入れて本格化させたのが、涸沼

就業までの変遷

1968年……20歳
看護師として県内の病院に勤務
子供の頃から涸沼を遊び場にしていたが、学校卒業後は国家試験を受け、看護師として県内の病院に勤務した。

1995年……47歳
看護師を辞め、漁師に転職
病院を退職し、シジミ漁の漁師に転職。漁はしていなかったが、それ以前から組合に加入し、組合費を納めていた。

2008年……59歳
大涸沼漁協の組合長に就任
50代で初の組合長となる。涸沼産シジミのブランド化を本格化させ、現在は組合として共同販売する体制作りに力を注いでいる。

のシジミの〝ブランド化〟でした。ここのシジミは粒が大きく、味が濃くてうまい。生産量でも島根県の宍道湖に並ぶか、それを超える。でも、知名度が十分でない。生産者が自信を持って自分たちの手で捕ったシジミを売っていくように、直販分のみ「ひぬま　やまとしじみ」というシールを貼り、値段も自分たちで付けよう、と。生産者としての責任をはっきりさせるため、シールにはそのシジミを捕った漁師の名前も記してあります。

現在のところ直販は個人や小グループでしかやっていないので、いまは組合として共同販売を始めるための準備を進めています。

『涸沼でシジミ漁の新規就業は可能？』

涸沼では夏の決められた期間なら、一般の方でも一日1500円の遊漁券を購入すれば、シジミ捕りができます（道具を使わず、手捕りで5kgまで）。

販売を目的に漁をする場合は、組合に加入しなければならず、そのためには地元に住んでいることが条件になります。現在組合員は約400名いますが、そのうちシジミ漁ができる権利を持っている人は240名。かつては200名だったのですが、要望が多く40名増やしました。つまり、240名しかいないのではなく、乱獲を防ぐため漁師の定員を設けているのです。

いまも空き待ちの人が多く、10代の組合員も増えているため、大涸沼漁協に限っては後継者不足に悩むことはありません。

新規に就業するためには、まずここに引っ越してきて組合に加入してもらうこと。かつて一族代々や親族に受け継がれた漁業権も、いまは3代までとか地元在住でなければ許可されないなど、さまざまな制限を設けました。ここで暮らし定員が空くのを待つという具合に、気長に考えてもらう必要があります。

成功の決め手

ブランド化により知名度アップを

シジミの産地として有名な島根県の宍道湖に生産量で匹敵するにもかかわらず、涸沼のシジミは知名度で劣っていた。その原因を主な販路が問屋卸であり、組合や個人として共同販売や直販の体制が作られていないことと判断した鴨志田さんは、涸沼シジミのブランド化を前組合長から引き継いで本格化させた。それは同時に、組合員に生産者としての自覚をうながす狙いもあった。

失敗の経験

遅れた共同販売の体制作り

鴨志田さん個人はシジミ漁に転じて約15年、「失敗」と言えるつまずきはないようだが、組合としては、組織として共同販売の体制を整えてこなかったことがあげられる。そのため漁師が個々に取引してきた卸価格は、常に問屋の指定額だった。生産販売者としての自覚を持つ組合員が、組織としてまとまり小売り店や消費者に直接販売するため、現在ようやく共同販売の体制を整備している。

船着き場が同じ仲間が持ち寄る共同販売分のシジミを、その日の当番が地元の販売所などに卸してまわる。

自作の選別台にシジミを広げ、麻雀牌を混ぜるように手のひらでゴリゴリとなで回し、殻表面の汚れを取ると同時に、手に触れた感触のみで死貝や空の粒を選り分けていく。

生産者名も記した「ひぬまやまとしじみ」のラベルは、組合員から小売り店や消費者に直接販売するパックにのみ貼られている。

「水門も導水路もいらない。
人間が自然に手を加え、
成功した試しがない」

漁業就業事情

近年拡大した未経験者への情報提供と門戸

人口20万人の街から、毎年約1万人が消えている。日本の漁業が一つの街と考えると、そういう状況にある。人口減少率5％はかなり深刻だ。ピーク時の1953（昭和28）年には約80万人いた漁業者の数は、現在約20万人に減った。しかも高齢化が進み、毎年約1万人が引退、廃業している。これに対し、新規就業者は1000人前後。これでは減少は止まらない。

こうした現状を打開しようと、2007年に設立されたのが「全国漁業就業者確保育成センター」。漁業専門のハローワークだ。同センターの設立により、それまで窓口が異なっていた沖合・遠洋漁業と沿岸漁業の求人情報を一括して見られるようになった。ちなみに、遠洋漁業は世界の海（公海や外国の200海里水域）を漁場とする。出船すると10日から、長いと1年以上帰らない。沖合漁業は主に日本の200海里水域を漁場とする。1、2日の漁もあれば、1ヵ月以上漁を続けることも。沿岸漁業はまさに地元での漁業。時間帯はまちまちだが仕事は日帰り。日本の漁師の87％が沿岸漁業に従事している。

同センターの一大イベントは、全国の都市で開催される「漁業就業支援フェア」。会場では、新規就業者を探す全国の漁業組合や漁業法人がブースを出展し、来場者に「わが港の漁業」を紹介する。その場でマッチング（求人者と求職者のお見合い）も行われ、互いのニーズが合えば、現場見学や体験漁業などに話が進む。トークショーなども開かれ、漁業へのモチベーションを高める機会になる。2008年は5都市だった開催会場が、2009年は10都市に拡大された。漁業就業者確保育成センターは、「全国」のほか各都道府県にも設置されており、それぞれ独自の就業イベントを開催している。就業したい海や地域が決まっている場合は、地方別のイベントのほうがより詳細な情報を入手できる。

こうしたイベントや求人に関する情報は、現在は主にインターネットで提供されている。「漁業就業支援フェア」の開催は、会場となる都心で電車の中吊りやポスターで知ることができる。

未経験者に対する漁業の門戸は、ここ1、2年で大きく拡大した。その一方で、研修後や就業後の定着率の低さが新たな問題となっている。就業希望者は「海の仕事もいいかも」といった軽い気持ちでは漁業は務まらないことも、承知しておく必要があるだろう。

情報を集める・相談する

全国どこででも、という場合

就業したい地域が決まっている場合

全国漁業就業者確保育成センター
http://www.ryoushi.jp/
TEL.03-3585-6319

都道府県別の
漁業就業者確保育成センター

ハローワーク

漁業専門の求人情報サイトを開設している。

東京、大阪ほか各都市で開催される「漁業就業支援フェア」では漁業関係者と対面相談ができる。

フェアの開催は、年度により開催都市や開催回数が異なる。

その詳細もサイトなどで告知される。

漁業を学ぶ・体験する

漁業チャレンジ準備講習

全国漁業就業者確保育成センターが主催し、
各地の漁協や漁業法人が実施する講習会。
漁船に乗れる体験講習も行われる。
詳細は、全国漁業就業者確保育成センターまで。

漁業研修を受ける

就業研修（名称はさまざま）

就業を前提とした研修を行う漁協や漁業法人もある。

２週間〜1ヵ月の期間、漁師とともに漁に出て、漁業の実践を体験する。

研修期間中の宿泊施設等まで面倒を見てくれるところもある。

就業する

漁業法人に就職

沖合・遠洋漁業、定置網や巻き網、
底引き網漁などの沿岸漁業を操業する
漁船の乗組員として漁師になる。

個人漁師の見習い

個人で操業する小規模漁業の場合、
直接漁師に弟子入りする。

その後、地元に定住して漁協の組合員になる。船舶免許や無線免許など、
操業に必要な資格を取得し、何より漁師としての経験を積み、独立する人もいる。

木・森林の仕事

林業

国土の7割を森林が占める日本では、
かつて家も橋も乗り物も道具もすべて、
木材で作られていた。それらの材料が、
鉄やセメントやプラスチックになったいま、
林業が果たす環境保全の機能に社会の関心が移りつつある。
もはやこの国だけでなく、世界の課題を背負っている。

林業

森林技術員

東京都西多摩郡檜原村

春原唯史

（東京都森林組合）

Tadafumi Sunohara

大学卒業後、フリーター生活。カナダでの農業体験を経て、29歳で林業の世界に飛び込む。

檜原村の山は急斜面が多い。「傾斜30度〜35度の斜面が仕事場。スキーの上級者コースくらい。40度を超えると、我々でも恐怖を感じる」。ときには斜面に対して四つんばいになり、足から下山することもある。

山の持ち主が一人とは限らない。その境界線をテープで記すのが東京都森林組合のルール。切らずに残す木も、巻き方を変えてテープで記す。後日、間伐のために山に入る作業班は、このシグナルを目安にする。

山に入る際の足もとは、スパイク付きの地下足袋で固める。濡れた倒木や浮いた落ち葉を踏んでも滑らない。

土地所有の境界線は尾根や沢とは限らない。登記簿から作成した地図、過去の境界確定を記録した地図など複数の資料を手がかりにしながら、植えられている木の種類や間伐の痕跡などを現場で確認し、境界線を定めていく。

切り倒す方向で、その後の作業のはかどりに差が出る。定めた方向に切り倒せるようになるまで数年の経験を要する。

東京都森林組合の作業班のほか、外部の林業会社に依頼することもある。現代版杣人集団「東京チェンソーズ」もその一つ。作業のファッションやスタイルにも気を遣う彼らは、檜原村をホームグラウンドにして下刈り、枝打ち、間伐の作業を請け負っている。

材木、間伐材として出荷する場合は、山から搬出しやすいよう斜面に沿って切り倒す。「本来なら間伐材として出荷したいのだが、コストがかさみ利益が期待できない」ため、現在は斜面と垂直の方向に切り倒すことで土留めの役割をさせるなど、環境保全に役立たせている。

30歳を目前に「やりたい仕事」を自問自答。正社員としての道を捨て、未体験の林業へ

大学を卒業してフリーター生活

「まだ若かったので、やってみたい仕事も見てみたい世界もあったから……」。東京都森林組合の主任森林技術員、春原《すのはら》唯史《ただふみ》さんが大学卒業後に選んだ進路はフリーターだった。

信州大学では、農学部森林科学科に学んだ。「農作業ばかりやっていた」そうだが、森林のスペシャリストを養成する学科の卒業生だ。しかし、大学を出た春原さんの関心は、森には向けられなかった。

卒業後、実家がある東京には帰らず、長野県内のコーヒーショップで2年間働いた。「長野オリンピックの開幕を開催地で迎えたかった」のも理由とか。その後カナダに渡り、花卉栽培農家や牧場の仕事を手伝う。帰国してからも定職には就かず、東京都内でアルバイト生活を続けた。そして気がつくと、29歳になっていた。その頃からだ、本当に打ち込める仕事は？という自分への問いかけが増えたのは。

10代で興味を覚えた森林の仕事に心の焦点が絞り込まれるのに、時間はかからなかった。アルバイトの合間を見つけて林業フェアやハローワークに足を運び、求人情報を集め始めた。東京都森林組合が募集する緊急雇用の知らせが目にとまったのは偶然だ。

ちょうどその頃、勤務していた医療機関から、事務職としての正式採用を持ちかけられていた。「もう若くはない」。期せずして迎えた人生の分水嶺。かたや仕事にも慣れた職場の正社員、かたや大学で学んだだけで未経験の林業。林業は当時すでに、価格の安い外国産の木材に国内市場を奪われ、産業としては斜陽にあった。しかも東京都は林業の〝本場〟とは言えない。さらに雇用と言っても期間限定。傍から見れば、悩むまでもない選択に思える。だが春原さんは悩むことなく、林業への道を選んだ。

30歳を目前にした人生の選択結果は、安定した仕

事よりやりたい仕事だった。バイト先からの正社員登用の提案は、林業への意志を自ら確信する絶好のきっかけになった。東京都での緊急雇用も「期間限定で身近なところでやってみて、自分を試す」にはむしろ好条件となった。

運も味方にして林業への道を開く

固めた意志と迷いのない行動に、運も味方した。半年間の緊急雇用が終了するのと時を同じくして、「緑の雇用」がスタートしたのだ。

「緑の雇用」とは、全国森林組合連合会が林野庁の補助を受けて実施する「緑の雇用担い手対策事業」の略称。緊急雇用の従事者を対象に、林業の若手後継者の育成を目的としている（現在は採用条件が変更されている）。定員に対して約3倍の応募者の中、春原さんは採用され、引き続き東京都森林組合の仕事を続けることになった。期間は1年。そこで初めて、林業の厳しさを体験することになる。

緊急雇用時の主な仕事は、林道整備。荒れてはいても、道として切り開かれた場所での仕事だった。それに対して「緑の雇用」での仕事は、刈り取りや間伐などの森林保全が中心。人の手が長年入っていないため、ときには背丈ほども伸びた下草を刈り取りながら35度を超える急斜面を登り下りする。夏を迎えると、仕事の過酷さは増幅した。間伐前の森は草いきれでむせかえるほど。間伐後は直射日光にさらされる。さらに厄介なのは、大量の虫だ。毒性の強い蜂に刺されることもあり、処置を誤ると死に至る。解毒剤の注射器が携行品となった。

暑さと湿気と虫の来襲で不快指数は限界値に達する。そのため集中力を欠いたわけではないが、刈り払い機の操作を誤り、あわや指を切断という大けがを負い、2ヵ月半を棒に振る経験もしている。それでも辞めなかったことに確たる理由はない。それも林業のうち、だからだ。その後5年間の臨時採用期間を経て、東京都森林組合の正職員になったのは、緊急雇用から数えて7年目のこと。「緑の雇用」でチームを組んだ他の4人も、同組合内や外部事業体として林業に従事している。

「けがをしたことで適性が分かった」春原さんは、森林保全のコーディネーターとして、山の境界線の確定、間伐計画の策定と人員の手配などを主な仕事としている。行政や森林所有者との交渉も多い。そこでは「コーヒーショップでの接客経験が生きている」。

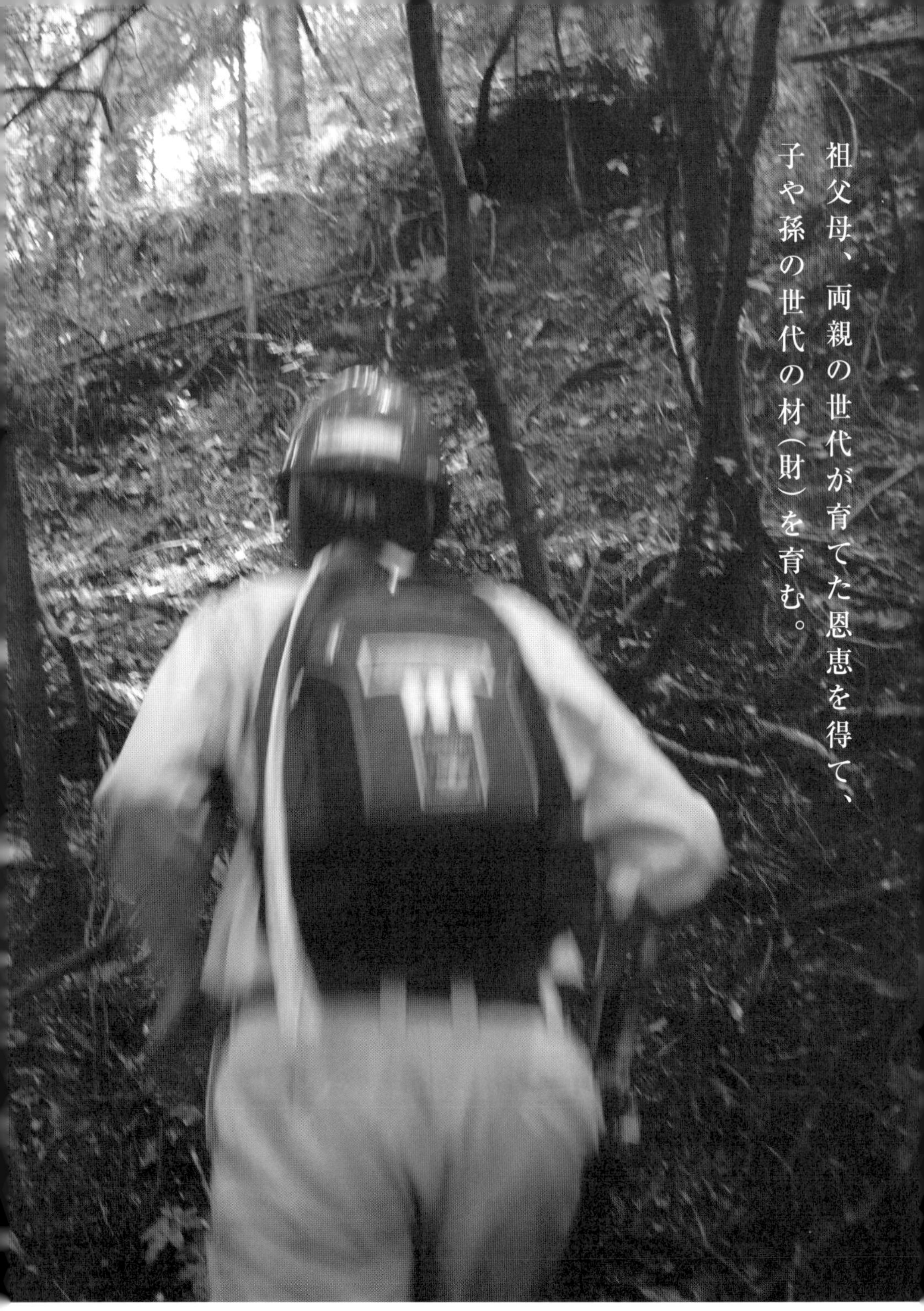

祖父母、両親の世代が育てた恩恵を得て、
子や孫の世代の材（財）を育む。

経験と知恵を背負って山を歩ける人。

「山を知り尽くした人たちが動けるうちに受け継がないと……」。木を植えるだけでは林業は続かない。求められているのは、

『森林技術員としての仕事は？』

林業と言えば木に登り枝打ちをしたり、木を切る仕事をイメージする人が多いかもしれませんが、私の仕事はそのコーディネート。森を見て枝打ちや間伐の時期を定めたり、山の所有者と打ち合わせて残す木を決め、現場の作業員を手配したり。複数の所有者がいる山で境界線を確定するのも仕事です。

山に入るときは事務所に7時半過ぎに集まり、30分～1時間のミーティングのあと出かけます。檜原事務所の場合、山の登り口までは車で30分前後。そこから30分～1時間かけて山の斜面を登ったり下りたりしながら、地図を頼りに境界線を定め、切らずに残す木に印を付けてまわります。比較的手前（平地に近いところ）にいる場合は、切りのいいところで下山してお昼を食べに行きますが、奥まで入る場合は弁当を担いで上がり、山の中で食べます。夕方は暗くなる前に山を下り、5時くらいに事務所に戻ります。木を切る作業班の仕事時間は、私たちより1時間ほど前倒し。朝早いので、4時過ぎには事務所に戻り基本的に残業はありません。私たちは事務所に戻ってから当日中にまとめる仕事もあるため、残業することもあります。

『大学やアルバイトでの経験は、林業に活かされている？』

標高線が描かれた地図からその場の地形を読み取る技術は、大学の授業で身につけました。在学中は何のための科目か理解できませんでしたが、いまの仕事で地図が読めないと、山の中から出て来られなくなることもあります。

アルバイト経験で役立っているのは、コーヒーショップの店員として接客業に携わったことです。役場の担当者や山の所有者と打ち合わせをしたり調整を

就業までの変遷

1996年……23歳
大学卒業後、フリーター生活
信州大学農学部森林科学科を卒業後、就職はせず、長野、カナダ、そして出身地の東京でアルバイト生活を続ける。

2002年……29歳
緊急雇用。東京都森林組合へ
アルバイト先の正社員登用を断り、ハローワークで見つけた東京都森林組合の緊急雇用に応募して採用される。

2003年……30歳
「緑の雇用」第1期研修生に
半年間の緊急雇用後、「緑の雇用」第1期研修生として、1年間林業に従事。2ヵ月半現場を離れるけがも負う。

2004年……31歳
東京都森林組合に臨時雇用
東京都森林組合から、臨時雇用ながら採用される。その間の収入は、アルバイト時代と同程度。

2008年……35歳
5年後、晴れて正式採用
臨時雇用として5年目に正式採用となる。1年間、日の出町にある組合本所に勤務後、檜原事務所に異動。

したりすることが結構多いのです。また、森林組合は地元の山主さんに組合員になってもらうことが運営の前提ですから、未加入の方に加入を呼びかける、いわば営業のような仕事も私の役割。そんなとき、相手と衝突せずにこちらの言いたいことを伝えるのに接客業の経験が活きていると思います。

『林業に従事して変わった点は？』

林業は、決して楽な仕事ではありません。でも、10年、20年、あるいはそれ以上の時間をかけて成果を出す仕事ですし、いまは森林が果たす環境保全の役割も重要になってきています。今日明日の悩みがないとは言えませんが、大きな枠組みでものごとを考えるようになりました。

『林業に向き不向きはありますか？』

山が好きであることが大前提ですが、「好き」というだけではやっていけません。体力自慢で林業を希望する人がいますが、現場で求められるのは体力よりも運動神経。斜面で足を滑らせたときに大事故になるかどうかは、その瞬間に反応する身体の対応力にあります。そのため、学校の体育の成績が5か4程度の運動神経は必要だと、個人的には感じています。

若いうちに始めたほうがいいのは、林業も他の仕事と変わりありません。身体で覚える部分の吸収は、圧倒的に若い人のほうが速い。ただし、40代は「若い」のうち。林業体験で多くの人が、檜原村にもやって来ます。なかには定年後の第二の人生を森の仕事で、と考えている60代の人もいます。そういう方には「無理をしないように」と声をかけますが、40代でへこたれている人には「しっかりして」とハッパをかけています。

成功の決め手

木を切る現場に固執せず

「緑の雇用」での仕事中、大けがをした。事故のショックに翻弄されれば、林業を諦めるか、木を切る現場仕事に固執したかもしれない。だが、事故の原因を「その瞬間、別のことを考えていた。自分は現場には向かない」と冷静に判断し、いまの仕事を選んだ。山の所有者と交渉し、作業班を管理する仕事は、「一度にあれもこれも考える」という春原さんには適職だった。

失敗の経験

一歩間違えれば、指切断の大けが

「最大の失敗は『緑の雇用』期間中にけがをして2ヵ月半を棒に振ったこと」と振り返る。下草刈りの作業中、高速で回転する刈り払い機の刃に手が触れ、指を切り落としかねない大事故を起こした。チェーンソーや刈り払い機の操作を身体で覚える段階でのブランク。同時期に採用された研修生仲間との差ができた。だが、その失敗は、自分の適職を定める貴重な経験ともなった。

スギやヒノキを植えた人工林を、雑木林に戻す計画も進んでいる。

森の中は生命の息吹にあふれている。そのことと、70歳を超えてなお現役の林業家が今日も山に入ることとは、無縁でない気がする。

民家の庭先を抜け山に入る。家の前に作業車を止める。一日中、裏山からチェーンソーが響く。都会なら事前の説明会なども求められるあれやこれやが「森林組合です。お世話になります」の一言で済むのは、普段から地元との交流を絶やしていないから。

「最初はつらい。でも、
3日耐えられたら3ヵ月は大丈夫。
3ヵ月もったら3年はOK。
みんな、おもしろくなる前にやめてしまう」

林業　就業事情

国が支援する好条件の研修制度

農林水産省が、2008年12月～2009年6月30日までの間で、農林漁業に新規で雇用された人数を発表した。それによると、林業ではその半年間にパートも含めて新たに2196人が採用されている。この数字は、他の2業に比べて圧倒的に多い(農業1643人、漁業140人)。ただしこれは、あくまでも全国的な雇用相談窓口を通じての数。農業なら「全国新規就農相談センター」、漁業なら「全国漁業就業者確保育成センター」、そして林業は「全国林業労働力確保支援センター」が集計したデータだ。そのため、個人で就農した人は「雇用」の数にカウントされていない。また、各地方の漁業協同組合や漁業法人の門を直接叩いた新規就業者も、その数には含まれてはいないだろう。ただいずれにせよ、企業が雇用枠を縮小しているいま、農林漁業が労働力の受け皿になっていることは確かだ。

林業の新規就業事情が、他の2業と明らかに異なるのは、国が補助する就業支援・研修事業が確立していることだ。そのため、そうした講習会や研修に参加することで、林業事業体の職員として採用される道が開かれていく(自動的に採用されるわけではない)。

その一つが厚生労働省の委託事業として前出の「全国林業労働力確保支援センター」が実施する「林業就業支援講習」だ。これは約20日間の日程で、林業の仕事をひととおり体験できるもの。各都道府県で実施され、講習費は無料。遠方の講習に参加する場合、受講期間の宿泊費も講習修了者に限り1泊あたり4200円(消費税込み)まで補助される。無料で林業を実体験できる好条件もあり、応募者数が定員を超え、受講者を抽選で決めることもしばしばある。

「林業就業支援講習」は雇用を保障されるものではないが、この講習を経て森林組合や林業法人に採用される人もいる。さらに採用された人に対しては、林業の実践を通して専門的な技術を指導する、林野庁の補助による「緑の雇用担い手対策事業」もある。国のサポートによる充実した研修制度は、農業、漁業にはないものだ。

だが、こうした林業においても、課題となっているのは定着率の低さだ。税金を使った講習・研修に参加し、正式に森林組合などの職員として採用されてからも、長くはもたず森から去る人は少なくない。雇用は拡大しても、林業の現場での世代交代は十分ではないのが現状だ。

情報を集める・相談する

全国林業労働力確保支援センター
「N.W. 森林《もり》いきいき」
http://www.nw-mori.or.jp/

都道府県別の
林業労働力確保支援センター
http://www.nw-mori.or.jp/ken-center/

職場見学会、就業相談会などを開催し、個別相談窓口も開設。

林業を体験する

林業就業支援講習

20日前後の日程で、林業の仕事をひととおり経験できる。
講習費は無料。交通費、食費等は自己負担（宿泊費は一部補助あり）。

職場を探す

全国または都道府県の
林業労働力確保支援センター
で求人情報を探す。

ハローワーク

求人情報誌

森林組合

民間の林業法人

第３セクター

技術を習得する

緑の雇用（担い手対策事業）

森林組合、民間の林業法人、第３セクター等に在籍しながら、
１年間「緑の研修生」として林業のプロとなる基礎知識と技術を身につける。
２年目以降、より高度な技術習得のための研修もある。

就業する

森林組合

民間の林業法人

第３セクター

森林組合、民間の林業法人、第３セクター等に正式に雇用される。
ただし、「緑の雇用」の研修中に在籍した事業体に雇用されるとは限らない。

撮影後記

「なんか美味いものでも食べよう」と誘われれば、誰だって嬉しい。食は生命維持の基本。空気や水と同じように大切なものだ。生涯、必要とするものならば、不味いより美味いものがいい。今回、カメラに収めてきた仕事は、生きるために欠くことのできない様々を根底で支える分野。都会暮らしの僕にとって狩猟や農耕は、知識はあっても実質ほとんど知らないに等しい人類最古の仕事ということだ。

それにしても山林や田畑の風景は目に優しい。陽射しは、緑や土に吸収され都会ほど眩しさを感じない。地面だって柔らかい。土と折り重なる雑草が、膝に優しいクッションの役割をしている。遠くで鳴くウグイスの上達ぶりに気づけるほど、自然音も良く通る。なんだか居心地が良かった。

にわかに環境問題がクローズアップされ、エコロジーは今やブームだ。あまり難しく考えることはない。「美味いものを食べよう」ただ一点、ここを真剣に捉えれば、物事上手く進むんじゃないか？　安全で美味いものをちゃんと作る。その方法に近道はない。誰かに迷惑をかけ、どこかに負担をかけていては叶わない。地球をちゃんとせずに、美味しいものは育たない。美味しいものを食べて、心に余裕。それが叶ってこそ地球に暮らす様々に配慮が出来るというものだ。畦道に一歩踏み込むと、蛙や虫、そして鳥たちなど沢山の命が存在していることに気づく。環境問題も人類のことだけを考えていたら不完全なのだ。

経済成長期も終わり、生き方を模索する時代に差し掛かっている。右のものを左にやってマージンを稼ぐ仕事は、どうも分が悪くなってきた。大量消費に支えられた工業製品も伸び悩んでいる。産業の主役が、ちょっとずつ変わろうとしているのだろう。世の中、何がどう変わろうが食べることは終わらない。健康な山から綺麗な水の恵み。そして自然に寄り添う食料生産の現場。安全で美味しいものを食べて、頑丈な体。そこに宿る健康な心があってこそ、未来への道筋を迷わず行ける。出会った彼らは、苦労話も心からの笑顔で話す素敵な人たちだった。

水谷 充

あとがき

農業、漁業、林業と聞いて、どんな仕事？と疑問を持つ人はいないでしょう。しかし、その現場で働く人の声や姿は意外なほど伝わってきません。昨今の不況で第一次産業への転職希望者が増えているようですが、一方で定着率の低さが問題になっています。その原因は「知っているつもりだったけど、ちゃんと知らなかった」からではないでしょうか。

本書では、他の職業から農林漁業に転じた方々とお会いしました。外の世界を知る視点から農林漁業という「自然職」を語っていただくことで、それらが持つ魅力も課題もより明らかにできるのではないかと期待したからです。学歴、職歴、世代、そして転職のきっかけや経緯はそれぞれでしたが、共通点もいくつか見出せました。その一つが自然に対する姿勢です。インタビューでは「自然や環境にやさしい」といった意味のことを口にした人はいませんでした。自然に対してはひたすら受け身であり、人間が優しさを働きかける対象ではないことを、仕事を通じて骨身に染みているようです。一方で仕事、生活、社会との関わり、それらを引っくるめた人生に対しては、シンプルだけど筋の通ったポジティブ思考の実践者でした。使命感を声高に語ることなく、言い訳不要の仕事に取り組む姿は理屈抜きにかっこいいのでした。

本書を作るにあたり、たくさんの方にお世話になりました。二玄社編集の結城靖博さんは、骨格だけだった企画をこの形まで辛抱強く導いてくれました。同社営業の山崎邦夫さんには持ち前の博覧強記をもって、制作にはない視点からアドバイスをいただきました。装幀とデザインの森谷真弓さんは、限られた時間で我々のわがままを見事に具現化してくれました。そして農業、漁業、林業で働く方々は、二度三度と押しかけた取材・撮影にいつも快く対応してくれました。みなさん、ありがとうございました。最後に縁あってこの一冊を手に取ってくれた読者のみなさんへ。願わくば、こんなご時世でいまの仕事や生活に行き詰まりを感じていたり、組織の中でストレスを抱えている方が、ふさいだ気持ちに風穴を開けるきっかけになれば嬉しいです。学校では教えてくれない素敵な生き方が、たくさんあるようです。

出山健示

■取材先・取材協力

「株式会社 風の丘ファーム」
http://homepage3.nifty.com/tashita-farm/
TEL.0493-74-3790

「東金農志舎　あいよ農場」
TEL.090-5409-1297
FAX.0475-55-5445

「相原ブルーベリー農園」
http://www2.tba.t-com.ne.jp/aiharabb-nouen/

「フラワーストーリ タナカ」
http://www.fs-tanaka.jp/
TEL.0470-36-2278

「山原牧場」
TEL.0289-62-6282

「有限会社 福浦定置網」
TEL.0465-63-2472

「銚子市漁業協同組合」
http://www.choshi-gyokyo.jp/

「大涸沼漁業協同組合」
TEL.029-293-7347

「東京都森林組合」
http://www.tokyo-sinrin.com/
TEL.042-588-7963

「全国新規就農相談センター」全国農業会議所
http://www.nca.or.jp/Be-farmer/
TEL.03-6910-1133

「全国漁業就業者確保育成センター」社団法人 大日本水産会
http://ryoushi.jp/
TEL.03-3585-6319

「全国林業労働力確保支援センター」全国森林組合連合会
「N.W.森林いきいき」http://www.nw-mori.or.jp/

「東京チェンソーズ」
http://tokyo-chainsaws.seesaa.net/

「東金市役所」
http://www.city.togane.chiba.jp/

「栃木県酪農業協同組合」
http://www.tochiraku.or.jp/

著者紹介

出山健示（でやま・けんじ）
1961年千葉県生まれ。編集会社を経て1992年独立。会社、大学関係のPR媒体、ゲーム雑誌、ロック誌の制作(企画、編集、原稿執筆等)に携わる。共著書に『匠の姿』(二玄社)、『広井王子の全仕事』(毎日コミュニケーションズ)(共著者:水谷充)。編集書に『ゲーム・マエストロ』(同)、『森の都市 EGEC』(彰国社)など。

水谷　充（みずたに・みつる）
1959年東京都生まれ。1985年、とんねるずのFirst Album「成増」のジャケット撮影にてフォトグラファーとしての活動を始める。以来、雑誌、レコードジャケット、コマーシャル、ムービーなどさまざまなメディアで、写真・映像制作者として活動する。
Official Web Site　http://mmps-inc.com/

自然職《しぜんしょく》のススメ

2009年9月15日初版印刷
2009年9月30日初版発行

文
出山健示《でやまけんじ》

写真
水谷《みずたに》　充《みつる》

発行者
黒須雪子

発行所
株式会社二玄社

東京都千代田区神田神保町2-2 〒101-8419
営業部＝東京都文京区本駒込6-2-1 〒113-0021
電話03(5395)0511　FAX03(5395)0515
URL http://nigensha.co.jp

ブックデザイン
森谷真弓
(ワークスタジオ)

印刷
図書印刷株式会社

製本
株式会社積信堂

ISBN978-4-544-16101-4